U0153050

近代臺灣的
書物裝幀

美麗的書
來自臺灣

Resonance of Beauty

THE ART OF BOOK DESIGN
IN MODERN TAIWAN

林素幸

著

目　　次

目　　次

推薦序　書物是藝術與設計的美好載體

林磐聳　國立臺灣師範大學設計學系名譽教授

俗諺：「佛要金裝，人要衣裝，物要包裝。」說明外裝是與人接觸的第一印象，因此書籍雜誌也需要進行封面包裝，成為書物的門面用以吸引讀者的目光。因為每一本書籍或雜誌都是透過封面設計才得以跟閱聽者進行初步的視覺溝通，從封面主題、選用圖片、標題文字、版面編排、印刷方式、特殊加工、視覺美學等都會影響到讀者決定是否翻閱或購買的意願；根據廣告學所遵循的「AIDMA 法則」即 A：Attention 引起注意、I：Interest 產生興趣、D：Desire 培養慾望、M：Memory 形成記憶、A：Action 促成行動，藉由這一連串驅動消費者的行為分析，得以確認若無法吸引消費者第一眼的目光，就無法讓消費者產生興趣，當然就不會完成後續的消費結果。因此若就書刊雜誌而言，雖然書物的封面設計僅僅是一種靜態的視覺傳達，但是就其能否吸引目光成為攸關取捨的關鍵因素。

日本設計名家杉浦康平從事五十年書籍裝幀設計生涯，出版了個人經手案例的《疾風迅雷：杉浦康平雜誌設計半個世紀》，他在書中說明投入長達半個世紀在書刊設計的理念：「雜誌是時令，月月興旋風，季季響驚雷。」也就是指他企圖透過每本雜誌的封面設計所帶來的影響，月刊是每月興起旋風讓人為之瘋迷，季刊則是期待每季響起驚雷令人震撼不已，因為將書刊雜誌封面設計的理念採取直觀形象的描述，我們得以窺見杉浦康平能夠成為日本設計巨匠的思想境界之高度。國立臺南藝術大學藝術史系林素幸教授的《美麗的書來自臺灣：近代臺灣的書物裝幀》，則是以嚴謹的學術研究精神，遍訪各處與藏家的蒐藏，得以鉅細靡遺地在書中讓讀者

一覽臺灣現代裝幀藝術的發展，以及無數來自臺灣令人讚嘆的美麗書裝。

回顧近代臺灣的書物裝幀要源自於日治時期，當年日本內地與臺灣的美術與設計並無專業分工，大多由藝術家從事「美術為體，設計為用」的應用，當年知名藝術家竹久夢二、川端龍子、藤田嗣治、梅原龍三郎、岸田劉生等人同時在藝術創作與書籍裝幀兼具豐碩成果；其中又以版畫家棟方志功最具典型，他以超大氣魄的版畫作品揚名於世，但是他在書籍裝幀設計的方寸之間，也是秉持自己的典型風格入手，在裝幀設計之上同樣展現具有充滿生命力的文化價值。如《棟方志功裝畫本的世界》書中所言，棟方在「職業」與「志業」之間早已經超脫所謂的純粹美術與應用美術之糾結，因為對他而言這些都是一體兩面的創作表現。而在《美麗的書來自臺灣：近代臺灣的書物裝幀》書中所提到同時期的淺井忠、中村不折、橋口五葉、鹽月桃甫、恩地孝四郎、西川滿、宮田彌太郎等人當年都是採取同樣的態度來面對美術與設計之間的處理方式，因為藝術是追求美的形式、設計則講究好的功能，欣見他們在最終呈現的書物都是兼顧藝術本質與設計應用的完美成果。

本書第五章〈臺灣裝幀藝術的現代性起點〉將鹽月桃甫定位為「臺灣現代裝幀藝術的始祖」，過往在臺灣美術史中，大家皆熟知他是引進油畫至臺灣的第一人，也是心心念念關注原住民際遇的藝術家，更是 1927 至 1936 年間連續十年擔任臺灣教育會主辦的「臺灣美術展覽會」（臺展）與 1938 至 1943 年共六屆臺灣總督府文教局主辦的「臺灣總督府美術展覽會」（府展）的評審，並且，鹽月桃甫更是其中唯一十六屆連續擔任臺展與府展的評審，因此可謂為奠定臺灣近代美術發展的推手。除此之外，鹽月桃甫也參與總督府文教局、交通局、臺北高等學校

的諸多應用設計業務,留下了豐富的設計史料,其中包括書刊雜誌裝幀、繪葉書、校徽、風景郵戳等不同領域的設計,堪稱近代臺灣美術設計的啟蒙者。

但是最值得一提的還是在 1919 年出版的高濱盧子著作《伊豫之湯》(伊豫の湯)的書籍裝幀,這是在鹽月桃甫來臺之前參與裝幀設計的作品,也是他目前僅見留存的早期書物裝幀及內頁插畫作品。鹽月除了繪製這本書的封面與表紙之外,內頁還有四幅彩圖以及若干黑白插圖,從這本書中可以發現作品風格與他來臺之後迥然有異。鹽月桃甫來臺後的裝幀代表作品,以 1923 年他為佐山融吉、大西吉壽共著《生蕃傳說集》最為經典,本書是開啟他以臺灣原住民圖像的創作新風,將臺灣原住民融入藝術與設計的初頁。之後,1937 年他為中西井之助的著作《臺灣見聞錄》裝幀,延續採用原住民的題材進行創作,但是表現的筆法更加輕鬆隨興。他也為臺北高等學校《翔風》設計了多期封面,其中以第八號《翔風》與他1948 年返回日本為宮崎同鄉中村地平著作所設計裝幀的《太陽之眼》(太陽の目)比較,兩本都是採用原住民雙腿大幅跨步的身姿,握持長弓與大刀,周邊都配有日月星辰圖像,其中《翔風》周邊可見梅花鹿、游魚、飛鳥,而《太陽之眼》更有蘭嶼達悟族拼板舟上面典型紅黑白配色,如同太陽光芒四射的船眼紋,我們得以發現鹽月桃甫受到原住民文化的深刻影響,也能感受到即便他返回日本,卻仍抱有對於臺灣原住民難以忘懷的初心。

鹽月桃甫 1921 至 1945 年在臺期間,大量產出書籍裝幀設計的經典佳作。根據河原功編輯《臺北高等學校學友會誌‧翔風》蒐錄發行於大正 15 年(1926)3 月 15日至昭和 20 年(1945)7 月 15 日第 26 號終刊號,《翔風》總計發行 26 期,鹽月桃甫就負責其中 16 期的封面設計,每一冊的設計都成為臺灣書物設計發展歷程的重

要作品。1923年佐山融吉、大西吉壽共著《生蕃傳說集》、1929年唐澤信夫著《明日的臺灣》（明日の臺灣）、1935年始政四十週年臺灣博覽會繪葉書的設計也出自其手，1937年中西井之助著《臺灣見聞錄》、1938年臺灣警察協會刊物《臺灣警察時報》、1941年臺灣時報發行所《皇國之道》（皇國の道）、1945年田淵武吉著《古事記物語》等，都是臺灣近代書物裝幀設計的經典名作。

回顧日治時期參與臺灣書物裝幀的藝術家約略可以區分為三大群組：一是日本內地來臺灣定居的藝術家，如石川欽一郎、鹽月桃甫、木下靜涯、立石鐵臣、西川滿、宮田彌太郎等；二是日本內地偶而來臺的藝術家，如梅原龍三郎、中川一政、川島理一郎、朝吹磯子等，三是日治時期臺灣藝術家林玉山、郭雪湖、楊三郎、李石樵、林之助等；其中某些藝術家所參與的書物裝幀已經載入史冊，但是還有更多的設計史實尚未被挖掘及正視。目前正值文化部推動「重建臺灣藝術史」，期待林素幸教授所撰寫的《美麗的書來自臺灣：近代臺灣的書物裝幀》，不僅完整梳理提供近代臺灣書籍雜誌設計發展重要的區塊，也是藝術與設計完美呈現的文化載體，更是填補文化部「重建臺灣藝術史」不可或缺的內容，能為臺灣藝術史添補更加完整的篇章。

《翔風》第8號封面

鹽月桃甫設計
1929年
林磐聳提供

《太陽之眼》封面

中村地平著
鹽月桃甫設計
1948年
林磐聳提供

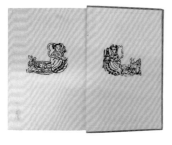
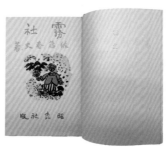

A	B
C	D

《霧社》限定本

佐藤春夫著
梅原龍三郎裝幀
東京：昭森社
1936 年 7 月初版
葉仲霖收藏

A：精裝封面
B：書盒與封面
C：蝴蝶頁
D：扉頁

1

裝幀是一個人品味的展現

　　對於書籍的裝訂，最令人感覺到美感的東西，並不是
裝幀家支配材料，而是善用材料，將其藝術的目的發揮得
淋漓盡致。因為由此裝幀家能強烈表現出個人的品味，裝
訂者為了要表現出自己的嗜好，對於書籍的外形，裝訂方
式，封面與封底的關係，文字與圖片或圖案的關連，尚且
對於要使用皮革或含有布料的紙張，以及製版印刷的關係
等各種事項也要加以留意並善加利用，如此一來，藝術性
的工作始能成立。因此，書籍的裝訂看似小事，卻能依裝
飾的形式來表現自我的藝術性。

—— 夏目漱石的御用書籍裝幀畫師　橋口五葉

〈思ひ出した事ども〉，《美術新報》，1913 年，12 卷 5 號

書——保留人類記憶、跋涉過無情飛馳的時光，人類的思維在這個載體上，超越時空傳遞意念，已然超過兩千五百年。一本書，除了內頁可閱讀的文字和符號以外，還有非文字的插圖／畫、扉頁、裝飾，甚至外部的封面、裝訂、設計等等，整體的「裝幀」都可以是見證思想與歲月交鋒的紀錄。

這裡說的「裝幀」又是什麼呢？從我們現在可以廣泛接觸到的書籍來看，裝幀的範圍就包括了書衣、封面、封底、書脊(書背)、折口、書腰、扉頁(蝴蝶頁)、書名頁、插畫、字體、紙張、印刷、裝訂等……，只要是構成一本書上的所有部位、部件，都可以視為裝幀的一分子。

書籍裝幀在過去一直被歸為商業性的應用美術或是工藝設計，尤其在關注經典、名品的精緻藝術(Fine art)觀念裡並不受到重視。但隨著西方工業化令機械複製更加方便、書刊傳播性也更強，漸漸地，書籍裝幀也參與了近現代世界對藝術思潮、甚或民族意識等的潛移默化和推廣，有著不可輕忽的影響力。日本藝術家恩地孝四郎在 1935 年〈談最近的裝幀〉(近頃裝本談)一文中就曾這麼寫道：「書不可以只作為單純的印刷品，它必須是

恩地孝四郎
1891–1955

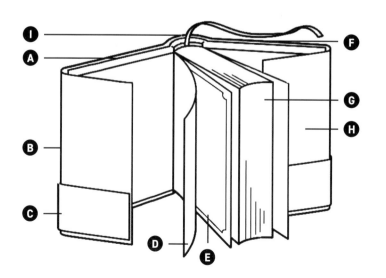

1 現代書籍最基本的
裝幀範疇

A：封面
B：書衣
C：書腰
D：扉頁／蝴蝶頁
E：書名頁
F：封底
G：書頁
H：折口
I：書脊 (書背)

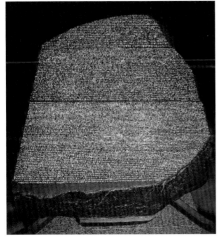

從事這項工作的人的人格展現。」一本書不只有透過文字聯繫溝通讀者與作者，也能透過裝幀的各種視覺和物質帶來的感官效果，將製作者的理念傳達給閱讀和擁有的人。

　　這種「裝幀一本書籍」的觀念和形式是怎麼來的呢？最早、最早……我們都知道泥板、甲骨、青銅器、石碑、帛書、紙張，皆是書寫的材料，先民依據不同需求，發展出多元的書寫方式。最早出現的，是美索不達米亞人書寫在泥板上的楔形文字。公元前 12 世紀，殷商統治者為了管理的需要，將文字刻在獸骨龜甲，貞卜吉凶的甲骨文。後來，更將文字鑴刻於青銅器上，以標舉統治者的豐功偉業。稍晚，東西方都出現了刻石立碑，例如埃及托勒密王朝祭司製作的羅賽塔石碑（Rosetta Stone）和相傳為秦朝李斯所刻的嶧山刻石等，上面的文字顯現了宣揚統治者正統性的意圖。由於商代以來作為書寫載體的甲骨、青銅器或石碑的面積有限，書寫字數亦有限，體積既占空間又有重量，很難輕鬆攜帶，因而不易普及；不過，稍晚也開始出現木製或竹製的薄片簡冊、還有絲織的帛書，減輕了書寫載體的重量和體積。而埃及和西

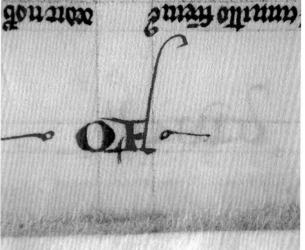

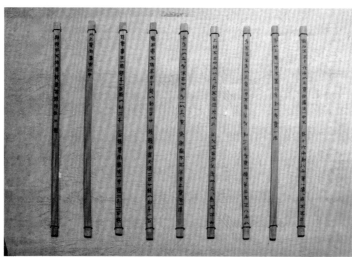

4　羊皮紙手抄書寫

羊皮紙上可見打稿隔線。此件可見〔因〕
年久變形，須透過羊皮紙修復恢復〔平〕
整。

藝流文物維護工作室　陳宜柳提供

5　羊皮紙上礦物性顏料書寫

羊皮紙表面有分表皮光滑面及血〔肉〕
面，此圖可見明顯的血肉面纖維。

藝流文物維護工作室　陳宜柳提供

6　睡虎地秦墓竹簡

〈效律〉
戰國晚期至秦始皇時期
湖北省雲夢縣睡虎地秦墓出土
南通中國審計博物館收藏
取自維基百科公共領域圖像：https://reurl.cc/
rvj63r

7　居延漢簡

〈廣地南部永元五年至七年官兵釜
磑月言及四時簿〉
年份　　93–95 年
木質　　23.1×91.6 公分
重量　　254.82 公克 含編繩
中央研究院歷史語言研究所收藏

方等國家，也開始將羊皮紙(parchment)和莎草紙(papyrus)作為書寫的載體。這些更輕薄的載具，也會被另一種物質聯繫起來，以便容納更多文字，並且方便保存。例如寫上文字的竹簡或木牘，會按照順序以繩索綁成一冊（也有先編好冊簡，再執筆寫的情況），這樣就算是一本書，不看的時候捲起來，要看的時候展開來——可說就是裝幀的早期概念。

當造紙術在公元 2 世紀的漢朝被發明之後，人們開始廣泛使用紙張，紙成為了書寫、甚至繪畫的主要載體。此時，書籍裝幀延續了簡冊與帛書的卷束形式，以卷軸裝為主流。卷軸的裝幀形式，是由一張張的紙或絹，由右至左黏接成一張長卷，收納時就將整卷長卷捲成一束，最後用帶子綑綁固定住。

隨著雕版印刷術逐漸成熟，中式圖書外觀由「卷軸」向「冊頁」過渡的過程中漸漸產生了新的變化，「經摺」等新的裝訂形式相繼出現。「經摺裝」的特色是將一幅長卷分等份摺疊起來，成為一疊摺子，並在摺子的首尾裱以硬紙或木板。當「經摺」與「冊頁」成為中國書籍裝幀的主要方式，也標誌了簡冊時代的終結。

不過，「經摺裝」書籍容易斷裂破損，因此出現了改良缺陷的「蝴蝶裝」與「包背裝」的冊頁裝幀形式。「蝴蝶裝」可說是冊頁裝最早的形式之一，盛行於中國 10 世紀中期到 14 世紀中期，這種裝幀的優點在於可使畫面保持完整。但是中國的蝴蝶裝採單面印刷、版心內折，內文

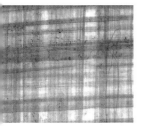

8　莎草紙

取自維基百科公共領域圖像：https://reurl.cc/dyjm1y

9　《佛說無量壽經卷》雕版印刷卷軸裝

約 19 世紀
私人收藏

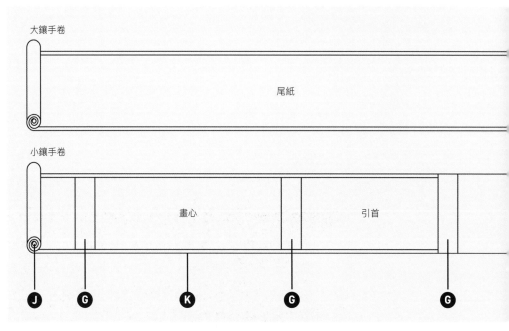

大鑲手卷

尾紙

小鑲手卷

畫心　　　　　　　　　引首

Ⓙ　　Ⓖ　　　　　Ⓚ　　　　Ⓖ　　　　　　　　Ⓖ

與空白頁交錯間隔，容易造成翻閱的困擾。

　　隨後，為使書籍更加堅固耐用，進而發展出穿線訂書的「線裝書」，並且大為盛行，也成為現在我們所知古籍最為普遍的裝幀形式。在臺灣，最常見的早期書籍裝訂形式，就是線裝書。

　　線裝書改善了裝訂強度、版心改為外摺，也連帶解決了蝴蝶裝的問題。此外，在日本，為了解決蝴蝶裝翻頁閱讀的困擾，還發展出了新的裝幀法，例如日本的「黏葉裝」脫化自中國的蝴蝶裝，同樣以漿糊將各摺頁黏連而成。就如前面所說，中國的蝴蝶裝採單面印刷、版心內折，無法連續閱讀，總是會有在翻頁間出現空白頁的困擾，因此日本的黏葉裝改為使用雙面印刷，這樣一來，閱讀時就不會翻到空白頁造成中斷感，可說從另一個角度改善了蝴蝶裝的問題。目前藏於國立臺灣圖書館的《古今和歌集》，就是以「黏葉裝」裝幀的文學作品。

　　線裝書是古代中國、日本與朝鮮，以及臺灣從

10　手卷名稱介紹稱

A：包首
B：籤子
C：扎帶
D：天頭
E：別子
F：副隔界
G：隔界
H：邊
I：套邊
J：軸頭
K：撞邊

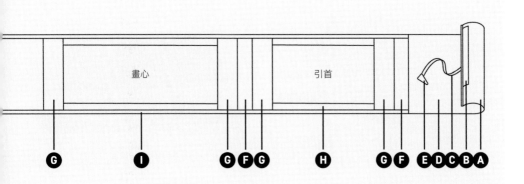

畫心

引首

G I G F G H G F E D C B A

11 《六十七兩采風圖》
   經摺裝

傳 18 世紀
國立臺灣圖書館收藏

作者攝影

12 《十竹齋書畫譜》
   蝴蝶裝

約 19 世紀
私人收藏

作者攝影

13 《護生畫集》

以木板裱首尾，保護冊頁裝內頁
第一集 1929 年（上圖）
第二集 1939 年（下圖）
浙江省博物館收藏

作者攝影

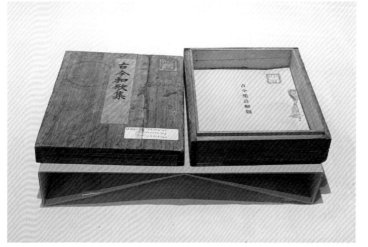

14 《古今和歌集》粘葉裝

1931 年
國立臺灣圖書館收藏

作者攝影

15 《古今和歌集》木盒

1931 年
國立臺灣圖書館收藏

作者攝影

16 《古事比》書帙
四合套

1905 年
國立臺灣圖書館收藏

作者攝影

清代到戰前最常見的書籍裝訂形式，從包背裝發展而來，折頁方式與包背裝都是版心向外，前後各置一張「書衣」，於「書腦」上打眼穿線縫製成冊。「四眼裝訂」是線裝書最常見的裝訂方式，此外還有「六眼裝訂」、「八眼裝訂」，其多依據書本尺寸決定穿孔的距離。「書函」（或書帙）是常見的書籍包裝法之一，除了用來保護軟面的書籍，便於收納，也能增加書籍美感；從書函的結構繁簡、密封程度分別有「四合套」、「六合套」等形式。「四合套」僅圍繞書的四周，而露其上下兩端，因為僅圍繞四面，摺疊四邊，所以稱四合套。四合套有另一形式，即上下採用兩片木板，外面再用布包裹起來（圖 16）。此形式與夾板相似，差別僅在於一用布包裹，一用布帶捆綁。六合套為四合套再精緻化的製作品。四周和上下兩端均不露

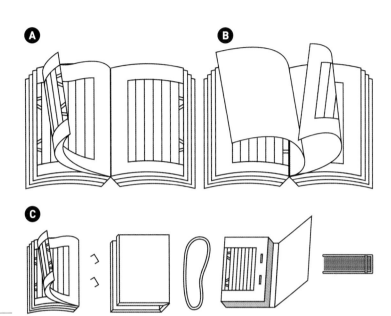

17 圖書裝訂法

A：包背裝
B：蝴蝶裝
C：紙捻裝

18 線裝書各部位名稱

A：題簽
B：書口
C：書衣
D：書根
E：包角
F：書首
G：書腦
H：書背
I：訂線

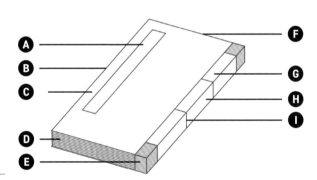

19 線裝書版面各部位 名稱

A：書耳
B：天頭
C：象鼻
D：魚尾
E：版心
F：界行
G：版框
H：地腳

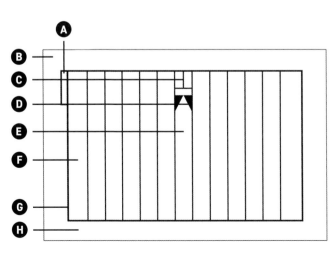

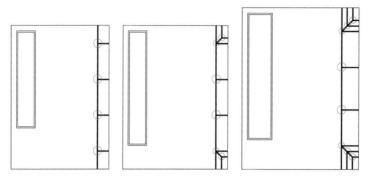

20 線裝書裝訂方式

左：四眼裝訂
中：六眼裝訂
右：八眼裝訂

21 《方氏墨譜》書帙
「四合套」：半封閉
函套

(明) 方于魯　《方氏墨譜》
杭州：中國書店
1994 年
國立臺南藝術大學圖書館收藏

作者攝影

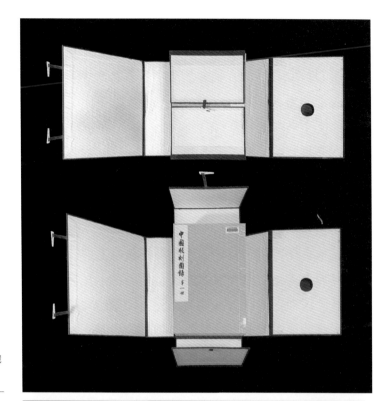

22 《中國版刻圖錄》
書帙「六合套」樣式
一：封閉式函套

北京：文物出版社
1990 年
國立臺南藝術大學圖書館收藏

作者攝影

23 《故宮博物院藏歷
代墓誌匯編》書帙
「六合套」樣式二

北京：紫禁城出版社
2010 年
國立臺南藝術大學圖書館收藏

作者攝影

出，因六面都包裹嚴密，故稱為六合套。

1868 年大森秀三翻譯的《博物新編譯解》，就是傳統四目綴（即四眼裝訂法）的線裝書；這本書翻譯自英國醫生暨傳教士合信 1855 年（清咸豐 5 年）於中國上海墨海書局用漢文木刻出版的《博物新編》，共出版三集，其裝訂為四眼裝訂線裝書，編排為 10 行 24 字，白口，四周雙邊，單魚尾。作者合信企圖搜羅、記載各種科學知識，如地氣論、熱論、天文略論、鳥獸略論等，並進行詳實的分門別類，還附了插圖。而大森秀三的譯本應該只有一集，他也採用漢式裝幀，但大森在編排上做了很多的改變，而非完全依據合信的版本一成不變。在日本明治維新後，因為受到西方視覺與物質文化等的衝擊，書籍裝幀因應時代的變化出現了各種嶄新的面貌，因此我們可以看見，大森想要繼續延續這位英國醫生在歐洲啟蒙運動之後，以百科全書形式傳遞知識的態度。而原先合信希望親近中國讀者的漢式裝幀，也被日本人大森的譯本繼續沿用。以東方傳統裝幀作為載體，移植這本書裡的西方知識到日本，即使看似相近形式的漢式裝幀，但乘載的東西交流意義，卻在這過程中增加了新的層次。

接下來，我們會在這本書中介紹和探討從 1868 年到 1945 年的書籍裝幀作品。雖然希望以臺灣的書籍裝幀為主角，但還是必須先透過以上的說明，讓各位讀者先稍微了解裝幀的概念和形式是怎麼來的。至於為什麼要從 1868 年開始講起呢？正是因為這一年是日本天皇宣示要「破除舊有之陋習」、「求知識於新世界」，展開「明治維新」的關鍵年份，這個決定影響了日本從封閉島國搖身一變成為東亞強國。日本政府希望能夠與西方列強抗衡、脫亞入歐，因此大力推行殖產興業（促進國內產業和資本主義的發展）與文明開化（西歐化）政策。日本除了邁向工業化、躋身世界強國之列，也進行了大規模的教育改

24 《博物新編》

合信
清咸豐五年 1855 年
上海墨海書館版
中國國家圖書館收藏

版面編排形式為10行24字，
白口，四周雙邊，單魚尾

作者攝影

大森秀三
生卒年不詳

合信
Benjamin Hobson
1816–1873

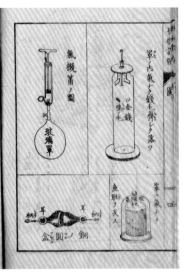

25 《博物新編譯解》

合信 著
大森秀三 譯
1868 年
東京府：鴈金屋清吉
私人收藏

作者攝影

革。就在這時，西方文化與技術等開始被大量輸入日本，這波思潮的激烈翻騰轉變，當然會充分反映在承載知識的書籍上。如同前面提到的大森秀三與他那以漢式線裝書裝載西方知識、期盼日本成為和西方一樣強大國家的譯本，那是一個新舊文化交會，發生許多有趣現象的轉折時代，而隨著日本殖民臺灣，這樣複雜的關係也連帶引入臺灣，造成超乎想像的文化發展，所以我想那是非常適合談臺灣裝幀現代性的起點。

　　1945 年第二次世界大戰結束後，國民政府接收臺灣，結束了日本人在臺灣的 50 年殖民統治。1947 年二二八事件發生，深刻改變了日後臺灣藝術與文化的發展能量與景觀。而國民政府於 1949 年失守大陸，撤退來臺，同年十月，中華人民共和國建立，兩方不同的官方政策等，對於出版文化與書籍裝幀風格產生了巨大的影響，在此之後，書籍裝幀的發展有著更加錯綜複雜的狀況，因此希望我們暫時先集中精神在這之前的時期。這本書期待讀者能先完整地、好好享受在此之前，美麗的書來自臺灣的裝幀故事。

重視「縫綴」的「大和綴」與「龜甲綴」

　　日本對於書籍的裱紙與裝飾料紙的美感極為講究，裝飾性極強，縫線裝訂的方式更被視為日式裝幀的重要特色。像是兩眼一組或四眼一組穿線縫綴後打結的「大和綴」或是「龜甲綴」，便是日本自中國線裝書改良發展後，自成一格的書籍特色裝幀；《書畫大觀》和《文展》的圖錄就是「大和綴」典型的例子。明治維新後，西方科技與藝術思潮等引進日本，線裝書也開始出現改良的形式，發展出像是《臺灣名所寫真帖》這樣改良後的大和綴，其改良特色是將漢式右翻直式改成橫式，且縫綴的方式跳脫出傳統的格式，採三孔線裝釘的改良式大和綴。封面配以淡雅的色彩和傳統東方的花草和動物圖紋，題簽置於左方，整體設計非常的大方且具現代性。

1

1 《書畫大觀》第一冊（共 8 冊）　兩眼一組「大和綴」　書畫大觀刊行會編　東京市：書
畫大觀刊行會　1921 年　38×22 公分　國立臺南藝術大學圖書館收藏　作者攝影

2 《臺灣名所寫真帖》　改良大和綴　石川源一郎編　臺北市：臺灣商報社　1899 年　13×19
公分　國立臺南藝術大學圖書館收藏　作者攝影

3 《文展》大正 6 年之卷　四眼一組「大和綴」　久保三友編　東京市：大正通信社
1917 年　37.5×27×7.5 公分　國立臺灣圖書館收藏　作者攝影

4 日式龜甲綴　16.6×12.1 公分　作者收藏

5 改良式龜甲綴　29.5×39 公分　作者收藏

在東方的出版市場製作西式精裝書

現存一本日本畫家及詩人竹久夢二在1920年出版的
第六版的繪本詩集《小夜曲》，封面為恩地孝四郎所設
計，書本裝幀採紫色天鵝絨硬皮精裝，封面還有金箔壓
印。然而，這本西式的書籍，貌似還配有一個具有日式
紋樣的書盒。在早稻田大學圖書館的收藏中，就有一本
初版《小夜曲》是配有套印彩色紙鶴紋書盒的。或許我們
可以稍微想像一下，在那個西式精裝書還不怎麼普及的
社會裡，當人們從光滑的日式彩色套印的硬紙書盒中，
小心地抽出一本裹著特殊絨毛質感的硬皮書籍，在這過
程中，書籍外表的視覺效果也由爛漫透明的套印彩色紙
鶴紋，轉為沉穩的深色底花樣燙金封面，內心應該多多
少少會有些蕩漾吧！邁入新時代的日本、中國和臺灣的
裝幀設計，也開始像這樣廣泛吸收各家美學風格，再融
入自身文化傳統與審美經驗，孕育出各有千秋的裝幀藝
術，欣賞裝幀的樂趣，就在理解這些文化互動的感官轉
換中，令人更加欲罷不能了。

竹久夢二
1884–1934

1　《小夜曲》　恩地孝四郎裝幀　竹久夢二著／扉畫　東京：新潮社　1920 年六版
　　16.6×9.8 公分　葉仲霖收藏
2　《繪入詩集小夜曲》書盒　東京：新潮社　1915 年初版　16.6×9.8 公分　早稻田大
　　學圖書館收藏

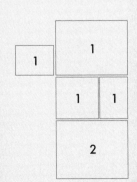

2

讓人眼睛一亮的意匠

　　隨著工藝發展已有如此進程，所謂的美術家在今後勢必得在雅趣上居於前導地位，抑或是代表著一種讓人眼睛為之一亮並能感受到其設計發想所內含的遊心的存在才行。而美術和工藝的區隔也會漸漸地消弭。

── 東京美術學校圖案科教授　福地復一

磯崎康彥、吉田千鶴子，《東京美術學校の歷史》，頁79

隨著明治維新積極推動西化，日本政府為了追趕上歐美工業國家並提高國際地位，提出「富國強兵」、「殖產興業」、「文明開化」的三大方針，由上而下全力推動現代化。

其中一項由日本政府積極推動的政策業務，就是以國家的力量舉辦各式博覽會，致力將產業振興所生產的美術品外銷至歐美國家，加速資本累積。因此，「致用」成為了當時獎勵美術發展的重要指導方針。

為了更好的推動新興產業，政府還設置了多個相關訓練機構，以培育能夠充實「美術國家隊」的人才。例如工部美術學校（1876）、東京美術學校（1889）、工業教員養成所「工業圖案科」（1897）、東京高等工業學校「工業圖案科」（1899）、京都高等工藝學校（1902）等，都是在這個時期相繼成立。

1889 年，當時任教於東京大學的美國籍哲學教授費諾羅沙以及他的學生岡倉天心，在他們不斷地奔走與力促推動下，終於成立了東京美術學校（以下簡稱東京美校）。東京美校的創校宗旨是為了延續與助長日本的傳統藝術，因此創校時只設立「日本畫科」、「美術工藝科」和「雕刻科」。

費諾羅沙
Ernest Fenollosa
1853–1908

岡倉天心
1862–1913

1893 年，赴法留學的黑田清輝回國後加入東京美校擔任教職，憑藉著他在巴黎這座歐洲藝術重鎮的豐富經驗，黑田逐漸在日本藝文界扮演舉足輕重的角色。雖然東京美校一開始的成立初衷是為了替傳統藝術尋找新出路，但當時的藝文界無法避免來自西歐的藝術技法和新觀念的衝擊。因此，1896 年東京美校在繪畫科中增設了「西洋畫科」，並聘請黑田清輝擔任該科主任。同年 7 月，校方也正式獨立設置了「圖案科」，大致等同現今的「平面設計系」。

東京美校的本科因此從最初的三科變成了四科：

黑田清輝
1866–1924

1. 繪畫科：分為日本畫科、西洋畫科
2. 美術工藝科：分為雕金科、鍛金科、鑄金科、漆
   工科
3. 雕刻科：下設木雕科、塑造科
4. 圖案科（新增設）

從東京美校早期科系的發展與分組，可以知道「美術工藝科」主要教授傳統金工及漆工技法，而「雕刻科」則專注於傳統木雕技法，後來才新增西式技法與材質的「塑造科」（臺灣第一位現代雕塑家黃土水當年就讀的就是東京美校的木雕科）。至於「圖案科」，雖然是新成立的科系，但在獨立之前，相關的圖案法課程已分散在繪畫科、雕刻科與美術工藝科中進行，重點在於訓練學生掌握各時代裝飾風格及工藝圖案的運用能力。

在「圖案科」獨立增設時並不像其它科內部還有分組或分部，直到進入大正時期 1914 年時，才分出兩部：第一部「工藝圖案」、第二部「建築裝飾」。反映出圖案設計領域對專業人才需求的增加，以及分類的專業化趨勢。到了 1926 年，「圖案科」再度調整，分出了「建築科」。

我們可以從磯崎康彥和吉田千鶴子合著的《東京美術學校的歷史》一書中，初步了解「圖案教育」地位的提升，及其獨立成科的核心精神──鍛鍊「意匠」。在明治時期 1873 年，身兼畫家、工業設計師與教育家的納富介次郎從維也納世界博覽會（Vienna World's Fair）返國後，將英文 design 譯為日文「圖案」，並致力推動日本設計產業。1896 年，京都五洞館出版了由田中幽峰個人包辦著作、繪畫、設計與印刷的《意匠博覽》，書末版權頁標示「Artist & Designer Tanaka-Yuho」以及「Collection of Modern And Ancient Designs」，這本書內容旨在「蒐集古今意匠」，反映了當時「Design」在明治時期被譯為「圖案」或「意匠」的語意發展。「意匠」指的是工藝創造發想構思的過程，具

黃土水
1895–1930

大正時期
1912–1926

明治時期
1868–1912

納富介次郎
1844–1918

田中幽峰
1861–?
又稱「省三郎」

有圖像創意的意思。

對美術家而言，「意匠」的訓練至關重要。唯有透過意匠，工藝才能擺脫一味追求實用性和方便性所導致的枯燥無味。福地復一教授在東京美校圖案科開設的「圖案法」課程，正以此為核心。他曾指出，隨著明治時期機械技術和物理化學的進步，工藝以驚人的速度融入日常生活，美術家的地位似乎面臨被工藝家取代的風險。因此，當代美術家更應該在設計發想（意匠）和精神層面上不斷精進，才能應對新的挑戰。在一次演講中，福地復一如此闡述：

> 隨著工藝發展已有如此進程，所謂的美術家在今後勢必得在雅趣上居於前導地位，抑或是代表著一種讓人眼睛為之一亮並能感受到其設計發想所內含的遊心的存在才行。而美術和工藝的區隔也會漸漸地消弭。

福地復一認為工藝品唯有融入這種思維，方能昇華為美術工藝品。

此外，1901 年，東京高等工業學校「工業圖案科」主任平山英三創立了日本第一個設計團體「大日本圖案協會」，並創辦發行機關雜誌《圖按》。這本雜誌專門介紹國外的設計趨勢，並定期舉辦觀摩展，致力於啟發日本設計師的創作靈感。平山的努力，在 1909 年由畢業於工業教員養成所「工業圖案科」的小室信藏於同年出版的技法書《一般圖按法》中得到系統化的集成與發揚。

《一般圖按法》這本技法書奠定了日本圖案教育的基礎，不僅長期在日本被反覆作為教材使用，還被翻譯成中文在中國出版，對中國日後的圖案設計發展也產生了深遠影響。

19 世紀末到 20 世紀初，隨著這一波由國家扶植推動的圖案教育機構設立與人才培育機制的帶動下，再加

福地復一
1862–1909

平山英三
生卒年不詳

小室信藏
生卒年不詳

1　喬治‧畢格特設計
的萬國博覽會海報

取自 J. Thomas Rimer with Gerald
D. Bolas Takashina, Shuji, *Paris
in Japan: The Japanese encounter
with European painting* (Washington
University,1987,) p32

淺井忠
1856–1907
號默語

夏目漱石
1867–1916

喬治‧畢格特
George Bigot
1860–1927

上「文明開化」政策的影響，歐美文化、機械印刷技術與西式書籍等陸續傳入日本，大大促進了國內的裝幀工藝與美學表現的變化。在此背景下，留法歸國後在東京美校任教的藝術家黑田清輝，以及他所創辦的西洋畫會「白馬會」，對日本的設計與裝幀發展產生了重要影響。

1900 年，黑田清輝的畫作〈智‧感‧情〉在巴黎舉行的萬國博覽會（Exposition Universelle）展出，並獲得銀牌殊榮。該博覽會吸引了許多日本人前往觀摩，包括油畫家淺井忠、正在英國倫敦留學的文學家夏目漱石，他們特地前往巴黎躬逢其盛。1882 至 1899 年期間旅居日本的畫家喬治‧畢格特該年也返回法國，還為博覽會設計了一張海報，彰顯當時日本參與此次博覽會的盛況。

當時歐洲的工藝設計與圖案美術，為日本帶來了巨大的刺激。1901 年堪稱近代日本裝幀史上最令人驚喜的一年，而開啟這契機的是 10 月在上野開幕的白馬會第六屆展覽。此次展覽中，首度展出了日本洋畫家長原孝太

郎設計的新藝術風格石版印刷海報，吸引了眾人目光。

　　這場展覽對白馬會成員中的洋畫家，如藤島武二、橋口五葉、杉浦非水、山本鼎和竹久夢二等人，帶來了深刻的新刺激，並對日後的日本畫壇與書籍裝幀設計產生了深遠的影響。例如藤島武二等洋畫家曾多次為藝文雜誌《明星》、或其他書籍設計封面或繪製插畫，這些設計作品中明顯展現出與新藝術風格的關聯性。藤島武二尤其善用以優美曲線著稱的新藝術風格，成為他在畫刊設計工作中的標誌性表現。

　　在明治 30 年代，以東京美校黑田清輝為核心的白馬會畫家們，對圖案與書籍裝幀設計愈發關注。他們經常與特定雜誌合作，尤其是《明星》雜誌的圖像設計，多是由以黑田清輝為首的白馬會畫師所創作。《明星》雜誌於 1900 年 4 月創刊，並於 1908 年 11 月停刊，創辦者是日本浪漫主義文學家與謝野鐵幹。《明星》雜誌停刊原因主要是自然主義文學興起，浪漫主義衰落。綜觀這份雜誌的封面，可以看到許多期是以女性或音樂為主題來進行封面圖像設計。

　　《明星》雜誌封面多以女性或音樂為主題，從藝術社

會學的觀點來看，這和日本當時社會的發展緊密相連。明治時期的「文明開化」潮流引進了大量新思想和各色各樣的西洋文化，例如日本知名啟蒙思想家福澤諭吉就在其 1872 年至 1876 年間撰述的著作《勸學》第八篇中，批判了一夫多妻制及男性擁有愛妾的習俗。1880 年，「妾」字首次在日本法律條例中被刪除，一夫一妻制正式成立。福澤諭吉在書中鋪陳倡導的新思維與自由的空氣，令大眾拍手稱快，更讓女性體會到前所未有的開放感。他在《勸學》中還主張，所有人都應該向學，積極接受教育，並追求個人的自由獨立，而且，只要生而為人，人人皆具有此權利。

　　除了福澤諭吉的思想影響外，當時隨著印刷技術發達，雜誌與報紙等媒體蓬勃發展，許多評論家或思想家都透過文字傳達理念與思想，或發表連載小説。例如 1894 年 7 月 4 日《女學雜誌》第 388 期的〈日本的新娘作者〉，以及德富蘆花在《國民新聞》上於 1898 年 11 月至 1899 年 5 月連載的〈不如歸〉。從明治 30 年代起，女性雜誌如《女學世界》、《婦人雜誌》等，也頻繁介紹洋裝以及西洋音樂等內容，促進了新時代的女性文化發展。

　　在音樂領域，日本自明治時期起便開始將音樂教育視為國家事業的重要一環。1879 年，日本文部省設立了

7 小坂象堂內頁畫

〈五月雨〉

取自《杜鵑》第 2 卷第 8 號，1899 年 5 月

由伊澤修二負責的「音樂調查科」，專門研究音樂及相關教育，是 1887 年「東京音樂學校」改制前的音樂教育基礎。東京音樂學校在此前曾一度成為東京高等師範學校的附屬機構，現為東京藝術大學的一部分。此外，1872 年音樂課程被正式納入學校教育，1880 至 1890 年間，經過審核的歌唱集出版後被採用為教科書。

伊澤修二
1851–1917

目前雖然找不到直接證據顯示藤島武二喜愛音樂或是熟稔樂器，不過在他的畫紙上出現過一些古代的樂器，像〈天平的面影〉中的笙篌。除了日本傳統樂器之外，另外還有鋼琴、小提琴這類的西洋樂器，分別成為構圖的要素。透過雜誌插畫裡描繪的現代樂器，我們得以窺見 1900 年代西洋音樂在日本的普及程度，並感受到當時音樂文化在潛移默化中對畫家從事藝術創作的影響，進一步看見日本近代音樂發展的真實樣貌。

在同一時期，《明星》雜誌的競爭對手《杜鵑》（ホトトギス），因為憑藉西洋畫風的小間畫插畫（請見專欄 3 解說），成功塑造出一種新穎的美學氣質，受到讀者歡迎。值得注意的是，《杜鵑》雜誌前期（第 2 至 7 卷，1898 年 10 月至 1904 年 9 月；後期為第 8 至 15 卷，

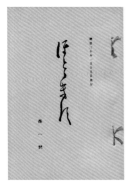

8　下村為山封面設計

取自《杜鵑》創刊號，1897年1月

**9　下村為山封面設計
〈月〉**

取自《杜鵑》第2卷第1號，1898年10月

**10　下村為山封面設計
〈月〉**

取自《杜鵑》第2卷第2號，1898年11月

中村不折
1866–1943

下村為山
1865–1949

小坂象堂
1870–1899

1904年10月至1912年9月）的插畫主要是由專業畫師創作，創作者包括淺井忠、中村不折及下村為山三人。

　　雖然在1898年時，東京美校西洋畫科的助教授小坂象堂受同校淺井忠之託，特別為《杜鵑》雜誌第2卷第8號創作了內頁畫〈五月雨〉，[*1]但整體而言，《杜鵑》雜誌前期的插畫大部分仍由淺井忠、中村不折及下村為山三位藝術家負責。淺井忠與中村不折是第一批留學歐洲的洋畫家，他們共同發起組成了日本第一個以洋畫為主的明治美術會（後改稱為太平洋畫會），這個畫會在推動日本現代美術的發展歷程中扮演了開拓者的角色；而下村為山則因鑽研「俳味畫」（帶有俳句風格的新日本畫）而聲名遠播。

　　從時間軸來看，這三人主導《杜鵑》雜誌前期插畫創作之際，正好是《杜鵑》雜誌從俳句雜誌轉型為文藝雜誌的時期。與此同時，主打新潮文藝的《明星》雜誌，多期

*1　在匠秀夫的《近代日本の美術と文学：明治大正昭和の挿絵》中指出，小坂象堂為《杜鵑》雜誌創作的特例有第2卷第4號的「口繪（口絵）」及第2卷第8號的「裏繪（裏絵）」。不過筆者查證僅能確認第2卷第8號的「口繪」為小坂象堂所作，第2卷第4號的「口繪」〈紙鳶〉則為中村不折所繪。所謂的「口繪」，泛指在出版品的正文以外，封面翻開的卷首彩頁，這在日本明治時期的出版文化中，特別是小說刊本與連載雜誌裡，是一種相當流行的附刊形式。而畫在封底的繪畫便稱為「裏繪」。

11　中村不折封面設計
〈龍虎圖〉

取自《杜鵑》第3卷第2號，1899年11月

12　淺井忠內頁畫
〈烏瓜〉

取自《杜鵑》第3卷第2號，1899年11月

13　淺井忠內頁畫
〈杉に落雷〉

取自《杜鵑》第4卷第1號，1900年10月

封面皆由白馬會畫家操刀，展現新藝術風潮的活力。而
《杜鵑》的封面畫師則呈現出更多元的類型與風格，呼應
了它在改革傳統俳句的同時，也推動現代文藝並行發展
的兼容特色。

　　《杜鵑》的第1卷封面使用淺米黃色系材質的和紙，
搭配大和綴線裝書，並以粉色系綴線裝訂，再將下村為
山的書法置於中央，展現出一種簡潔大方的現代美感。
第2卷封面〈月〉同樣由下村為山設計，以雙色木版印刷
呈現出雲間滿月的景象，每期刊物的雲朵及天空配色都
有所變化，但月色始終以反白呈現，展現出高雅而細緻
的創作巧思。

　　第3卷的封面〈龍虎圖〉則由中村不折設計；而第3
卷第2號的口繪（或內頁畫）〈烏瓜〉則是出自淺井忠之手，
在空白背景上描繪烏瓜及攀附於藤蔓上的蝸牛。此畫作
的色彩對比鮮明，淺井忠身為圖案畫畫師的天份由此畫
作展露無遺。

　　此後，淺井忠便旅居歐洲，《杜鵑》雜誌的插畫工作
便由下村為山和中村不折接手，兩人輪替創作，延續了
雜誌的藝術風格。[2]

進入大眾生活圈的美術

在 1880 年代（明治 15 至 20 年）左右，隨著商業的發達，海報製作在日本逐漸普及。海運公司是日本最早熱衷於海報設計製作的行業之一。海運公司的海報通常登載展示最新的船型、船名，以及附有實用性的航運時刻表等資訊，還包括代理公司的總公司、分公司的名稱及地址。例如大阪商船株式會社於 1905 年所設計的廣告畫〈智慧女神弁財天〉，其中手持琵琶的弁財天是日本大眾熟悉的七福神之一，廣為人知，因此廣告效果深受好評。這張海報雖然以商業宣傳為目的，但其柔和溫暖的色調和優雅古典的圖案設計，將傳統的神祇轉變成一個傳遞新資訊的嶄新形象，巧妙融合了美感與創意。

進入大眾生活圈的美術形式除了海報，還有插圖、書籍裝幀等。江戶末期（約 19 世紀前中期），浮世繪畫師及戲作家（通俗小說作家）以圖文並茂的編排手法，創作出「草紙」這類讀本；在進入明治時期後，隨著活版印刷技術的問世，讀本的編排漸漸轉為以文字為主、繪畫為輔。而這個趨勢一直延續到明治 20 年左右，接著「日本畫」（Nihonga）也開始作為插畫，刊載於小說中。

在明治維新以前的幕府時期，插畫一般被稱為「板下繪」，1655 年刊載的《稻子》（いなこ）是最早出現的繪俳畫，集合了俳句並配上插畫，描繪各個季節的句子並搭配相應的畫作，比單純閱讀文字更加生動易懂，極具珍貴性。進入明治中期（19 世紀末期）之後，除了傳統的板下繪，文藝雜誌也開始出現使用彩色封面畫，迎來了封面畫的全盛時期。過去插圖的功能主要是配合文字，

1

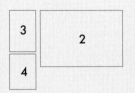

描繪小說部分場景，但隨著時間推移，愈來愈多的封面畫不再需要與小說內文緊密相關，逐漸成為一項獨立的創作形式，在書籍裝幀中的重要性和地位也逐步上升。

1897 年《杜鵑》雜誌創刊，這一時期也是插畫史上一個值得關注的新興階段。在這個時候，插畫逐漸脫離與文字的關聯，純粹以享受欣賞繪畫樂趣的插畫開始被起用，這類插畫被稱為「小間畫」、抑或是「草畫」。所謂的小間畫，指的是用於填補印刷空白處的自由創作畫；而草畫則是隨興的略筆畫。明治後期可說是小間畫的全盛期，《杜鵑》雜誌上的目次頁刊載的畫作或插畫，幾乎全都是小間畫，這個嶄新的畫風與形式，在插畫史上掀起了一股新浪潮。並且，隨著時間進展，小間畫或草畫也成為日後受到大眾喜愛的漫畫及小插畫發展的起點。

1 〈智慧女神弁財天〉海報　大阪商船株式會社明治三十八年船號　1905 年　77×58.3 公分　設計者不詳　橫濱港博物館收藏（横浜みなと博物館）

2 目前所見最早的繪俳畫　北村季吟著，朝三繪　《稻子》明曆二年序　1656 年　柿衛文庫舊藏

3 下村為山繪製的草畫　《杜鵑》第 1 卷第 15 號　1898 年 3 月　HathiTrust Digital Library (University of California)

4 小間畫　《杜鵑》第 1 卷第 15 號　1898 年 3 月　HathiTrust Digital Library (University of California)

3

最初的東亞現代裝幀家

有次我在銀座的夜攤買了一本德國雜誌《象徵主義》，
獲得一幅畫得很棒的複製畫，那座山畫得真是好。……自
學者很多地方都受到侷限。那時非常討厭 Studio 之類的雜
誌。我曾經在橫濱購買德國的 Jugendstil 舊書，尋找自己
喜歡的畫。

—— 大正浪漫文化代表畫家和詩人　竹久夢二

〈私が歩いて来た道〉，《中學生》，1923 年 1 月

各種書籍裝幀形式中，「插畫本」的歷史在歐洲悠久而深厚。在印刷術發明之前，每本書都必須手工抄寫。世界上最早附有插圖的書籍，可能是古埃及的《亡者之書》，長長的莎草紙卷上，寫滿了象形文字，並繪製了彩色的插圖。進入歐洲中世紀，因基督教教會的需求，聖經及教會禮拜所需的書籍大量出版。當時，除了修道院裡的修士們會製作極盡華美的彩飾手抄書（manuscript books），以彰顯上帝的榮耀外，富人為了炫耀財富與地位，也會花錢僱用抄寫員與畫工來製作精美的書籍。

當時的抄寫員多以鵝毛筆在羊皮紙上書寫，起初只使用大寫字母，後來也發展出以小寫字母快速的書寫方式，書籍中所附的插圖，有些用來補充資料，有些則是為了讓內容看起來更吸引人。不過，廣義而言，今天所認知的「插畫本」是指畫家在封面、扉頁及本文中加入畫作的書籍，且普遍認為是在 15 世紀德國金匠古騰堡發明活字印刷術以後才出現的產物。

書籍插畫在 19 世紀的歐洲逐漸被認可為一門藝術，這一風潮也在 20 世紀末影響到日本文壇。自明治維新以來，日本舉國上下都十分熱衷吸收歐美文化，將西洋的製書習慣與技法融入日本的傳統製書工藝中，這種趨勢也逐漸普及。以 1875 年東京奎章閣出版的《暴夜物語：開卷驚奇》，也就是現在大家熟知的《一千零一夜》或《天方夜譚》為例，這個版本是以喬治・菲勒・湯森編譯的

1　《胡內弗爾的死者之書》局部

公元前 1275 年
莎草紙
大英博物館收藏
(The British Museum)

取自維基百科公共領域圖像資源：
https://commons.wikimedia.org/wiki/
File:BD_Hunefer.jpg#mw-jump-to-
license

2　胡拉丁文手寫聖經，1407年在比利時寫成

英國威爾特郡馬姆斯伯里修道院收藏 (Malmesbury Abbey, Wiltshrine, England)

取自維基百科公共領域圖像資源：
https://zh.wikipedia.org/zh-tw/
File:Bible.malmesbury.arp.jpg

古騰堡
Johannes Gensfleisch zur Laden zum Gutenberg

1398–1468

喬治・菲勒・湯森
George Fyler Townsend
1814–1900

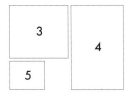

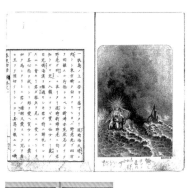

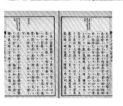

3 奧圖曼‧斯莫利克
繪石版插畫

永峰秀樹譯
《暴夜物語：開卷驚奇》卷 1
東京：奎章閣，1875 年
日本國立國會圖書館收藏

取自 NDL Digital Collection：https://
dl.ndl.go.jp/pid/896627

4 康熙綴線裝書封面

東海散士
《佳人之奇遇》卷 4
東京：博文堂，1886–1897
23×15 公分
作者收藏

5 雕版印刷版面

東海散士
《佳人之奇遇》卷 4
作者收藏

永峰秀樹
1848–1927

奧圖曼‧斯莫利克
Ottoman Smoric
生卒年不詳

柴四郎
1852–1922
筆名「東海散士」

島本節雄
生卒年不詳

雅克‧卡洛
Jacques Callot
1592–1635

英文版為基礎，由永峰秀樹所翻譯的抄譯本，並請來雇有外國雕刻師奧圖曼‧斯莫利克的雕刻公司製作精美的砂目石版畫，成為日本第一本收錄石版插畫的書籍。不過，可能因為當時書籍仍採用日式傳統裝幀，且明治維新改革和西化的精神還沒完全融合對應，所以這本書在出版上市時並未能吸引廣大讀者的注意。

　　1877 至 1886 年間，是日本書籍裝幀從日式邁向西式的關鍵交替期。1885 年 3 月，日本橋博文堂刊行了被視為民族文學代表作的長篇小說《佳人之奇遇》共 16 卷，該書作者是福島會津藩遺臣柴四郎。這本小說的裝幀採用漢式的六眼裝釘法，內頁文字部分為傳統的雕版印刷。雖然外觀形式仍屬傳統，但故事內容本身深具想像力，翻開書冊所見賞心悅目的插畫，更是別具特色。

　　這本書除了使用高級紙張刊載畫家島本節雄的石印插畫，第 2 卷也收錄了日本洋畫家淺井忠的插畫作品〈孔子於陳蔡之野，絕糧不得行之圖〉，甚至還在第 9 卷收錄了 17 世紀法國銅版畫家雅克‧卡洛的石印插畫，可以說是和洋技術結合的經典代表作。卡洛親身經歷了三十年宗教戰爭，1633 年出版了銅版畫集《戰爭的慘烈》（The Miseries and Misfortunes of War），其中最廣為人知的作品

〈吊死人的樹〉（The hanging）的環景構圖在《佳人之奇遇》一書中被模仿複製成〈澳俄之軍慘死圖〉，描圖者為印藤真楯。當時在不損及品質又不斷複製的情況下，再現印刷用原畫的風采，全是拜石版印刷技術所賜。

此後，書中直接運用歐洲畫師插畫作品的案例愈來愈多，1886 年 10 月由丸善書店發售的《薄伽丘十日談想夫戀》（ボッカース翁十日物語想夫戀）便是一個典型例子。這本書由號「臥牛樓主人」的佐野尚抄譯，並由菊亭靜校閱。書中的插畫變化多端，當時請來在日本頗具知名度的法國漫畫家喬治·畢格特全新繪製。如第 2 章所提到的，喬治·畢格特於 1882 年來到日本，並一直待到 1899 年，他在日本期間曾經在陸軍士官學校教授繪畫，後來成為改進新聞社的專屬畫師。《想夫戀》的插畫特別由畢格特執筆，可見當時日本出版商對插畫的日益重視。

接著，以下想為各位讀者進一步介紹，在這一段重要的轉換時期裡，特別重要的幾位藝術家與裝幀家。

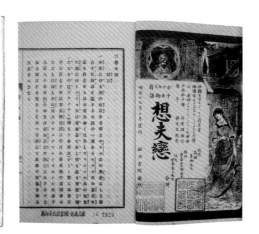

<table>
<tr><td>11</td><td>10</td></tr>
</table>

10　《薄伽丘十日談想夫
　　戀》版權頁與喬治·
　　畢格特插畫

東京：丸善書店
1886 年臨池書院藏版
高知市民圖書館收藏

取自国文学研究資料館「近代書誌·近代畫
像資料庫」(Open Data)：https://kindai.
nijl.ac.jp/kindais/CKMR-01052

11　第一期的《新小説》
　　配有插畫的翻譯小説
　　〈大叛魁〉版面

儒勒·凡爾納（Jules Gabriel
Verne）原著
森田思軒譯
東京：和田篤太郎，1890 年
日本國立國會圖書館收藏

取自 NDL Digital Collection：https://
dl.ndl.go.jp/pid/987876

馮塔涅西
Antonio Fontanesi
1818–1882

淺井忠

　　首先是出身於江戶（東京在明治時代以前的舊稱）的淺井忠，他自幼學習武術、漢學和花鳥畫。1876 年開始接觸西洋畫，同年進入日本剛創立的工部美術學校就讀，師事義大利籍的美術老師馮塔涅西，學習巴比松畫派（École de Barbizon）相關風格技法。淺井忠參與插畫創作的書籍，除了上一章介紹的《杜鵑》雜誌、以及前面提到的《佳人之奇遇》以外，還有像是 1896 年的《新小説》雜誌與其它知名的文學作品。

　　《新小説》於 1889 年 1 月創刊，至 1890 年 6 月停刊，共出版 28 卷，通稱為第一期。雖然第一期以推廣現代小説為宗旨，並有不少小説作品配有插畫，但整體風格仍深繫江戶文學傳統的作風，當時多數作品由內部編輯團隊（創刊同好會成員）創作，戲作性質的內容招致不少批評，和後來《新小説》最盛時期的第二期在風格和性質上有顯著差異。

　　根據學者出口智之的研究，1896 年 7 月，由春陽堂復刊的第二期《新小説》雜誌開始改變作風，為一些尚未成名的新作家提供發表機會，同時在卷頭畫（或稱扉繪，frontispiece）和插畫上嘗試了很多新的計畫。第二期《新

《小說》的圖繪作品充滿了實驗意味,主要運用西方新技術的石版套色和珂羅版技術。例如,《新小說》第二期創刊號的卷頭畫,就刊載了與當期專題小說家水谷不倒的小說內容無關,採用多色石版印刷的淺井忠西畫作品〈綠蔭雙美圖〉。這期雜誌一經發行便特別暢銷,受到廣泛歡迎。雜誌的視覺設計不再採用傳統的浮世繪木版印刷作品當作卷頭畫和插畫,被認為是本期大獲成功的原因之一。改採以石版印刷的西洋畫家畫作令人耳目一新,進一步吸引了讀者的目光。

明治時期的作家,他們不僅提筆寫文章,也會綜合構思一本書如何呈現他們的作品。例如很多作家會對他們要出版的書籍卷頭畫和插畫等下指示,有時甚至還會計算這兩者相互配合而營造出的效果,雜誌本來也會按照內文製作相關封面。但就在這個轉折期之後,可以看到愈來愈多無關乎內文,獨立創作的封面。

橋口五葉

隨著《杜鵑》雜誌第 8 卷第 1 號刊載的夏目漱石〈我是貓〉(吾輩は貓である)獲得好評,過往在《杜鵑》的版

12 淺井忠繪卷頭畫
〈綠蔭雙美圖〉

《新小說》第二期創刊號
多色石版畫　14.8×21 公分
東京:春陽堂,1896 年
私人收藏

水谷不倒
1858–1943

面編排上，佔了相當程度比重的寫生文*1，也漸漸被小
說文所取代，在俳句雜誌色彩轉淡之際，《杜鵑》反倒是
加深了其身為文藝雜誌的基本形象。除了淺井忠、中村
不折、藤島武二會以藝術家身分參與雜誌的插畫外，東
京美校畢業的橋口五葉和杉浦非水等，則是選擇專門以
書籍裝幀、插畫等「創作圖案」為其一生的志業。

　　《杜鵑》第 8 卷第 7 號為創刊百號記念號，起用了
當時仍在美術學校西洋畫科就讀的新人橋口五葉繪製封
面。該紀念號以四色木板印刷呈現他的畫作，此外還刊
載了十幅小間畫，其中七幅由橋口五葉創作，另外三幅
則是淺井忠、中村不折和灰殼道人所作。

　　橋口五葉於 1905 年 7 月以第一名的優異成績自東京
美校西洋畫科畢業，但他的西洋畫風並未受到學校教授、
同時有親戚關係的黑田清輝賞識。此後，他便逐漸轉向
於圖案設計及近代畫風的浮世繪版畫創作。由於他的作
品獲得讀者極高的評價，《杜鵑》雜誌開始邀請他繪製書
中插畫及內頁畫，有時也會委託請他設計書籍封面。

　　隨著橋口五葉的畫技逐漸獲得夏目漱石所認可，他
在 1905 年與 1907 年受託為《我是貓》單行本設計裝幀，
他的名號，也隨著這本暢銷鉅作廣為人知。1905 年 10
月，大倉書店出版了夏目漱石的《我是貓》上編。當時，
橋口五葉遵照夏目漱石所要求的「玉子色仿造紙的厚紙，
配上紅與金色」、封面題字採用金箔、以朱色貓的意匠
圖案為主題；書衣則以單色印刷擬人化的貓形象設計。
另外，書中還插入了中村不折所畫的卷首插圖與插畫，
整體製書風格在當時可謂相當華麗與考究。

　　橋口五葉的裝幀作品充滿新藝術風格，對他而言，
書籍裝幀不僅是視覺設計，更是立體物件的呈現，他致

13　橋口五葉設計封面
　　　《杜鵑》百號紀念號

《杜鵑》第 8 卷第 7 號
日本國立國會圖書館收藏

取自 NDL Digital Collection：https://
ndlsearch.ndl.go.jp/imagebank/theme/
hototogisu

灰殼道人
生卒年不詳

---

* 1　寫生文（写生文）：夏目漱石與正岡子規（1867–1902）提倡的一種類似小品文的新散文體。

14 橋口五葉設計《我是貓》上編封面

1905 年
22.2×15.6 公分
縣立神奈川近代文學館寄存

15 橋口五葉設計《我是貓》上編書衣

縣立神奈川近代文學館寄存

16 中村不折收錄於《我是貓》上編的插畫

1905 年
日本國立國會圖書館收藏

取自 NDL Digital Collection：https://ndlsearch.ndl.go.jp/imagebank/theme/wagahaihanekodearu

力於展現整體包裝概念，也同時提升書籍的功能性。此外，插畫家的工作絕不只是為封面畫插畫而已，從蝴蝶頁、書名頁、書背、內文排版到紙張選擇，甚至書籤線或書頭布，都是經過他精密計算組織而成的。

橋口五葉在 1907 年為夏目漱石設計的《虞美人草》（春陽堂出版）一書，巧妙地融入了傳統和風雅緻的圖案。在這部裝幀設計作品中，橋口五葉以中國篆體設計書名「虞美人草」，並加上西方的裝幀形式，將和、漢、洋三種風格要素完美結合。該書的書帙（書盒）採用傳統中國風格，以藏青色素紙包裹木板，中間貼上米黃色題簽，簡潔大方，無論是用色或材料，都充滿現代感，無怪乎

17   17

18

17   橋口五葉設計封面
　　　與書帙

夏目漱石　《虞美人草》
東京：春陽堂，1907 年
千葉市美術館寄存

照片提供：東京美術 ©TOKYO
BIJUTSU Co.,Ltd 攝影／市瀬真以

18   橋口五葉設計海報

三越吳服店〈此美人〉
1911 年
65.7×75.0 公分
東京印刷博物館收藏

威廉・莫里斯
William Morris
1834–1896

現代學者西野嘉章盛讚橋口五葉為「明治時代下的威廉・莫里斯」，並稱他是日本第一位真正有資格冠上「裝幀家」頭銜之人。

另外，值得一提的是，1911 年，日本三越吳服店首次舉辦了「廣告畫圖案懸賞募集」，第一回以頭獎獎金 1,000 圓公開徵求海報用的原畫。當時在日本畫壇領域已享有盛名的藝術家橋口五葉也參加了這場競賽，並憑藉作品〈此美人〉獲榮獲首獎。這一項成就，進一步確立了他在圖案設計與書籍裝幀領域的卓越地位。

竹久夢二

不同於淺井忠、藤島武二和橋口五葉等受過學院訓練的藝術家，竹久夢二是另一位非學院出身但極為重要的書籍裝幀藝術家。夢二出生於岡山縣，本名竹久茂次郎，是一位從未受過正規學院教育訓練的藝術奇才。他不僅擅長日本畫、浮世繪和美人畫，還是位著名的詩人、商業美術設計者和書籍裝幀家。夢二的美人畫結合了浮世美人繪的傳統風格與西洋表現主義的造型手法，在明治至大正初期的日本大眾藝術界引發了巨大轟動。

1905 年 6 月 20 日，他初次以「夢二」之名，投稿插畫作品〈筒井筒〉至《中學世界》，並榮獲一等獎，開啟了竹久夢二的藝術設計之路。對自學的夢二而言，西歐的美術書、美術雜誌，如《畫室》(*The Studio*)、《青春》(*Jugendstil*) 等，或是時裝雜誌，都是他吸收資訊與培養創作品味的重要來源。他為歌劇《茶花女》(歌劇椿姬，*Opera Camille*) 設計的封面，正是這種跨文化影響的鮮明例證。

1923 年，竹久夢二在《中學生》刊載的一篇〈我走過來的路〉(私が歩いて来た道) 一文中如此說到：

> 有次我在銀座的夜攤買了一本德國雜誌《象徵主義》(シンビリシズム)，獲得一幅畫得很棒的複製畫，那座山畫得真是好。…(中略)…自學者很多地方都受到侷限。那時非常討厭 *Studio* 之類的雜誌。我曾經在橫濱購買德國的 *Jugendstil* 舊書，尋找自己喜歡的畫。

可見，現代印刷技術的興起和出版業的繁榮發展，為竹久夢二等一批 20 世紀藝術家們提供了一個嶄新的機會。

19

20

19 竹久夢二設計樂譜封面

《歌劇椿姬》
1917 年
株式會社港屋收藏

北投文物館提供

20 《青春》封面

1911 年第 40 號
株式會社港屋收藏

2022 年 7 月 16 日作者拍攝於北投文物館

他們得以透過大眾印刷媒介接觸與認識西方藝術，同時傳播他們自身的美術作品和思想。

夢二是一位虔誠的基督徒，他倡導的藝術是以大眾為核心，與社會主義和馬克斯主義的思想相契合。在日本，社會主義思潮從 19 世紀 90 年代到 20 世紀 30 年代一直非常活躍，直到最終被軍國主義者鎮壓。夢二的藝術思想融合了人文主義和基督教神學的元素。此外，他深受英國的藝術家威廉·莫里斯等人所提倡的工藝美術運動（Arts and Crafts Movement）所吸引，並在其影響下倡導將藝術融入日常生活的思想。

1914 年，夢二在東京開設了「港屋」（Minatoya），這是一間日常用品雜貨店，但專門出售夢二自己設計圖案的文具、手帕、雨傘、和服等日用品，在當時獲得極大的成功。夢二的藝術作品不僅限於設計文具和日常用品，他也為當時的樂譜、婦女雜誌和兒童雜誌與出版品等裝幀書籍、繪製封面和插畫，甚至還有便箋紙及千代紙（印有各種彩色圖案紋樣的和紙）等。夢二的藝術創作是面向大眾的，是完完全全的大眾藝術。

除了威廉·莫里斯，夢二的作品中也能明顯看到 19 世紀英國繪本畫家藍道夫·凱迪克和凱特·格林威的藝術風格影響，這些藝術家的風格與夢二的創作產生了深刻的共鳴，成為他的創作養分，使夢二的作品兼具東西方美學的魅力。

當時歐美與日本旅遊風潮正盛，夢二年輕時便對海外旅行滿懷憧憬。1931 年，應《週刊朝日》編輯翁久允之邀，夢二展開了長達兩年多的歐美旅行。這段旅途中，他曾在北加州的名勝之地卡梅爾（Carmel）舉辦個展，並前往南加州洛杉磯（Los Angeles）及歐洲等地。然而，根據夢二的日記記載，他在卡梅爾展出的作品竟無一件作品售出。之後，他還應德國大使館之邀，在柏林舉辦了

藍道夫·凱迪克
Randolph Caldecott
1846–1886

凱特·格林威
Kate Greenaway
1846–1901

翁久允
生卒年不詳

21　竹久夢二《春之禮
　　物》封面原畫與書
　　盒封面

1928 年
左　封面原畫
株式會社港屋收藏

北投文物館提供

1985 年
右　復刻版書盒封面
王文萱收藏

2022 年 7 月 16 日作者拍攝於北投文物館

日本畫的講座。

　　1933 年 9 月 18 日，夢二乘船返日。然而，返國不久，他又受邀前往臺灣，並於 10 月 26 日抵達基隆港。這次夢二的訪臺之行僅持續了短短二十天，期間他在臺北警察會館舉辦了作品展。遺憾的是，這趟臺灣之行也未能如計畫中順利賣出畫作。夢二除了未能賣出畫作外，更因無法適應臺灣當地的氣候，在結束短暫的訪臺返日後不久，就因為結核病，於隔年 1 月進入長野縣信州的療養所養病，並於同年 (1934) 9 月 1 日病逝，他短暫而精彩的五十年人生就此謝幕。

22	22
	23	24

22 竹久夢二《露臺薄暮》封面原畫與書盒封面

1927 年繪製
1928 年出版
右　封面原畫
株式會社港屋收藏

北投文物館提供

左　書盒
洪侃收藏

2022 年 7 月 16 日作者拍攝於北投文物館

23 竹久夢二繪製妹尾音樂出版歌曲集之封面原畫

1916–1920 年
株式會社港屋收藏

北投文物館提供

24 竹久夢二繪製插圖〈春郊〉

創作日期不詳
刊載於《日本少年》第 5 卷第 4 號
1911 年 3 月
株式會社港屋收藏

北投文物館提供

竹久夢二的臺灣畫展

　　1933 年 9 月，夢二剛從歐美返日，在身心俱疲的狀
況下，又馬不停蹄地接受東方文化協會理事長何瀨蘇北
之邀請訪問臺灣。何瀨還為夢二在臺期間規劃了在臺北
警察會館（今臺北南陽街十五號）舉辦「竹久夢二作品展
覽會」的個展，並於 11 月 3 日晚上於臺北醫專講堂舉行
的開幕典禮上發表了「東西女雜感」的專題演講。

　　根據當時的展覽目錄，夢二在臺灣總共展出五十餘
件作品，其中包括〈三味線〉、〈豬苗代湖畔〉、〈榛名山
春色〉、〈榛名山秋色〉等作品。可惜的是，今天除了《臺
灣日日新報》10 月 27 日報刊記者與夢二的對話和 11 月
4 日評論家大澤貞吉發表對展覽會、對夢二的評論外，
只剩當時展覽的目錄可見，展出的作品流向為何，目前
尚未有更進一步的研究出現。

1

何瀨蘇北
生卒年不詳

大澤貞吉
1886–?
筆名鷗汀生

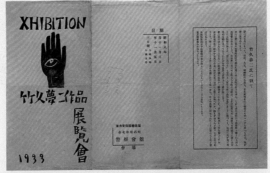

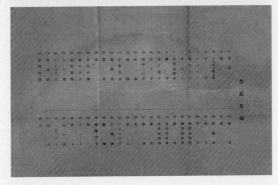

【延伸閱讀】

· 王文萱，《竹久夢二：日本大正浪漫代言人與形塑日系美學的「夢二式藝術」》，臺北：積木文化，2021

1　1933 年 11 月 4 日報導，竹久夢二曾受東方文化協會之邀，來臺舉辦演講及個展國立臺灣圖書館提供

2　夢二來臺舉辦展覽的地點「警察會館」。取自維基百科公共領域圖像：https://commons.wikimedia.org/wiki/File: 警察會館 .jpg

3　竹久夢二作品展覽會展覽目錄　國立政治大學圖書館收藏　作者攝影

4

出版市場的新風景

　　擺放在書店門面的書幾乎全是豪華版，並與普及版分開放置。在這些豪華本中還可以再分二到三種層級，其中限定版一定會有編號。而大部分都會附有作者的簽名。在裝幀、活字印刷或是印刷用紙上必會花費大量的勞力與金錢，甚至還有會挑選作者、且非豪華本就不要的人。換句話說，若該書已成絕版品，即使其售價比市價高出十倍、百倍，依然有人願意將它買下，作為一件藝術品來收藏……，即使被稱作收藏家，他們還是一定會買兩本一模一樣的書，一本收入櫃中長期保存，另一本則是放在手邊閱讀。然而，我認為這種風氣也應當在我國流行。

—— 在法國最為著名的日本藝術家　藤田嗣治

《巴里の昼と夜》，東京：世界の日本社，1948 年

書本裡的「移動式展覽」：創作版畫

　　在以水彩或油畫作品印製插畫本之外，20 世紀初，日本還引進了一種新形式的「創作版畫」插畫本。什麼是「創作版畫」呢？創作版畫就是一種由畫家親自描繪底稿、自己做版、印刷完成的版畫。雖然現在對我們來說這樣的模式好像是相當習以為常的，但實際上憑一人之力產出的創作版畫，在日本歷史上出現的時間其實並不早。「創作版畫」主張自繪、自刻與自印，而在此之前，例如流行於江戶時期的浮世繪版畫，則是必須經過多人之手，結合畫師、雕刻師和印刷師傅通力合作才能夠成就的一門藝術。過去製作版畫，每個步驟和工序都有專責的匠師，但在明治末年，藝術家山本鼎首次將歐洲的創作版畫介紹到日本。

江戶時期
1603–1868

　　歐洲傳統的木刻版畫本也是一種高度分工的活動，早期實際使用的圖案都是由畫家們所繪製，幾乎沒有刻版工人自行設計和繪製圖案來刻版。15 世紀末，德國出生的藝術家阿爾布雷希特・杜勒一反前人的分工方式，經常直接在版面上自製圖稿，再以靈巧的刻刀刻版完成。

阿爾布雷希特・杜勒
Albrecht Dürer
1471–1528

　　杜勒的木刻版畫作品以充滿繁複且剛硬有力的線條著稱。其中最著名的代表作為 1498 年的《啟示錄》（Apocalypse）系列，這些木刻畫最大的特色在於運用來自義大利的透視觀念融入構圖，使畫面呈現平衡感與場景的深度，自此，杜勒的創新不僅為木刻書頁插圖的風格帶來了重大的改變，新結構觀念還賦予版畫藝術足以匹敵繪畫的表現力，而能獨步於文藝復興時期。

　　值得一提的是，杜勒不但是傑出的版畫家，他也親自為許多書籍進行裝幀設計，如《運用尺度設計藝術之介紹》（*Instruction pour la mesure à la régle et au*）這本書中，他就針對拉丁字體進行了全面和科學性的改進，使字體

設計變得更加理性化，為後世的設計應用字體發展奠定了基礎。

19 世紀是一個新舊版畫技法交替的時代，也是一個面臨新挑戰與批評的時代。除了金屬版畫和木刻版畫受到石版畫新技法的牽動外，最大的衝擊莫過於攝影技術的發明。隨著攝影技術興起，版畫藝術在此時已經不再侷限於追求複製功能與實用需求，而是邁向更高的藝術層次。在這股藝術潮流中，許多印象派畫家也開始投入版畫創作，如法國的高更和挪威的孟克，他們不僅創新了木刻版畫原有的觀念，還突破傳統技法的限制，利用可施加在版面上的各種刻痕、摩擦、破壞版面、連接或拼接等方法來製版。這些實現性的新技法和新觀念，為木刻版畫的結構帶來更多元的創新，增添了更豐富的版面肌理變化，為當時的藝壇注入一股強烈的衝擊，吸引眾多藝術家加入木刻版畫的創作行列。

高更
Eugène Henri Paul Gauguin
1848–1903

孟克
Edvard Munch
1863–1944

生於愛知縣岡崎市的山本鼎，成長於這一新舊藝術與觀念交替的時代。1901 年他進入東京美校西洋畫科，身為以版畫雕刻為業的藝術家，山本親眼見證攝影技術日新月異，不僅對畫家帶來巨大衝擊，也讓他深切意識到將畫稿刻在版木上的傳統版畫工藝正面臨存亡危機。為了在這場挑戰中求得生存，他將目光投向歐洲版畫，最終在「創作版畫」中找到了新的方向。

1904 年 7 月，山本於當時最流行、最具影響力的《明星》雜誌上發表了自畫、自刻的木版畫〈漁夫〉。這幅樸素但帶有張力的版畫作品，標誌著日本創作版畫運動的開端，並革命性地挑戰了傳統上設計者與執行印刷工匠之間的分工界線，將木刻版畫提升至藝術層次。在〈漁夫〉一作中，山本以簡潔且深刻的筆觸描繪了在海上勞作的老人，刻意保留雕刻切塊時留下的刀痕，賦予作品強烈的現代性。〈漁夫〉不但展現了濃厚的現實主義風格，更

1 〈漁夫〉山本鼎

1904 年
木版　16.4×11.2 公分
收錄於《明星》辰歲第 7 號
千葉市美術館收藏

啟發了大正到昭和初年的創作版畫運動，對照日後遍地開花的榮景，可說是推動版畫藝術普及的重要里程碑。

　　1912 年，東京美校畢業的山本鼎前往巴黎學習金屬版畫的蝕刻法，並將歐洲的「創作版畫」介紹到日本。除了在《白樺》雜誌上撰文介紹創作版畫之外，他的引介推動也促成了 1912 到 1913 年《白樺》在日本舉辦的歐洲版畫展與美術展覽會。展覽展出了許多後印象派的繪畫複製品，以及羅特列克與孟克的石版畫、銅版畫等，共約兩百多幅作品。

羅特列克
Henri de Toulouse–Lautrec
1864–1901

　　山本鼎在旅歐期間還曾暫居俄國，並對農民美術和兒童教育等議題產生興趣。1916 年他返回日本，將所學帶回家鄉。由山本鼎在明治末年播下的創作版畫種籽，於大正時期萌芽，孕育出了如永瀨義郎與恩地孝四郎等重要藝術家。

永瀨義郎
1891–1978

　　1918 年，山本鼎和戶張孤雁等人共同成立了日本第一個創作版畫團體──「日本創作版畫協會」，致力於推廣創作版畫。該協會創始成員包含有山本鼎、恩地孝四

戶張孤雁
1882–1927

2 永瀨義郎設計封面

取自《詩與版畫》1輯，1922年9月

前川千帆
1888–1960

川上澄生
1895–1972

谷中安規
1897–1946

小泉癸巳男
1893–1945

平塚運一
1895–1997

岡田三郎助
1869–1939

郎、前川千帆等人；此外，川上澄生、谷中安規等多位版畫藝術家與插畫家也曾是協會會員或曾參與過該協會展覽。經過這些藝術家的努力，創作版畫在日本得以逐漸紮根。

即使如此，真正促使創作版畫成功推廣與普及的最大原因，應該歸功於版畫作品經由雜誌和書籍的刊載，在大眾閱讀市場上獲得熱烈回響。其中最具代表性的是1921年創刊的《版畫》（後更名為《詩與版畫》），這本以版畫為主題的情報誌，不僅徵稿發掘新人，更如同一場「移動式展覽」，滿載著豐富的原創作品，為藝術家們提供了展示的舞台。

1922年，戶張孤雁的著作《創作版畫與版畫技巧》問市之後，永瀨義郎、小泉癸巳男、平塚運一等人也陸續出版推廣創作版畫的書籍，進一步鼓舞了年輕一代拿起雕刻刀，投身加入版畫創作的行列。

1927年，日本帝國美術展覽會（簡稱「帝展」）正式在第二部（洋畫）中，增設版畫項目。「日本創作版畫協會」當時提出：

> 「創作版畫」不以複製為目的，應該以自刻自印為原則，創作版畫版的效果應等同於油畫、水彩、日本畫筆致之效果，印刷的效果應同於油畫、水彩、日本畫之色彩與色調之效果，應視（版畫）為美術中的一種「繪畫」。

1931年1月，以日本創作版畫協會的版畫家們為中心，集結洋風版畫會（1929年創立）以及其他無所屬的版畫家改組為「日本版畫協會」，並以東京美校洋畫科教授岡田三郎助為領袖，致力推動創作版畫走向國際，在歐美舉辦展覽，促進日本版畫的國際化發展。

3 南薰造〈羅丹專號〉
封面插圖

取自《白樺》1卷 8 號，1910 年 11 月

4 有島生馬設計〈白樺
主催洋画展覽會〉彩
色海報

1911年11月1日至12日
東京「赤坂三會堂」
55.9×40.8公分
奈良縣立美術館收藏

武者小路實篤
1885–1976

有島生馬
1882–1974

志賀直哉
1883–1971

南薰造
1883–1950

柳宗悅
1889–1961

比亞茲萊
Aubrey Beardsley
1872–1898

羅丹
Auguste Rodin
1840–1917

　　而創作版畫在日本國內的普及，離不開《白樺》等文藝雜誌的推動。創刊於 1910 年 4 月的文藝刊物《白樺》，是首次在日本引介創作版畫的重要媒介，它與《明星》、《杜鵑》等雜誌齊名，成為日本現代文學的重要流派之一，主要代表作家包括武者小路實篤、有島生馬、志賀直哉等。《明星》與《杜鵑》有多位美術家參與插畫創作，而《白樺》在推廣歐洲印象派（Impressionism）、後印象派（Post-Impressionism）畫家風格方面發揮了舉足輕重的影響力。

　　《白樺》創刊後不久，在第 1 卷第 3 期（1910 年 6 月）刊登了甫自法國歸來的有島生馬所撰〈畫家保羅·塞尚〉一文。接著，白樺社還於 1910 年主辦了「南薰造、有島生馬滯歐紀念繪畫展」，畫家留歐的藝術經驗促進了西方藝術在日本的傳播。南薰造更為《白樺》雜誌繪製了封面插圖，其中以羅丹專號最為著名。隨後，柳宗悅等人又相繼在《白樺》上介紹塞尚、高更、梵谷、孟克、比亞茲萊、羅丹等藝術家的作品，這些內容迅速引發日本藝壇的重視。創作版畫透過這些雜誌的報導與作品展示得以受到廣泛推廣與關注。

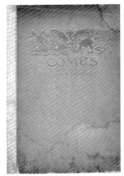

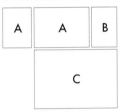

5 A 約翰・彌爾頓
著，亞瑟・拉克姆
插繪《酒神之假面舞
會》封面與蝴蝶頁

B《酒神之假面
舞會》限定版畫
家親筆簽名頁

C《酒神之假面舞
會》插圖

劉夏泱收藏

丹尼爾・亨利・康威勒
Daniel–Henry Kahnweiler
1884–1979

約翰・彌爾頓
John Milton
1608–1647

亞瑟・拉克姆
Arthur Rackham
1867–1939

藝術品般的書：限定本與豪華本

　　除了新藝術思潮在歐洲風起雲湧外，「限定本」的出現也是西方書籍文化與裝幀史上的重要發展之一。19 世紀末、20 世紀初的巴黎，擁有空前繁盛的出版文化，帶有版本編號的限量版書籍與藝術家插圖的華麗裝幀書，成為收藏者喜愛追捧的高價藝術品。

　　到了 1920 年代，隨著德國藝術史家兼畫商丹尼爾・亨利・康威勒以及一些美術出版社（如 Étoile）等陸續加入這塊領域後，華麗的插畫文化日益興盛。康威勒等人出版的這類書籍，通常採用嚴選的高品質紙張印刷，限量製作數百本的豪華本，且時常將為書中繪製插畫的畫家名字醒目地印在封面上，如約翰・彌爾頓原著、亞瑟・

6　《哈姆雷特》精裝本

莎士比亞著
約翰・奧斯汀插繪
約 1922 年
劉夏汱收藏

拉克姆插畫的《酒神之假面舞會》(*COMUS*)，便是其中的代表作之一，這類書籍被稱為「畫家之本(livre dàrtiste)」(或「藝術創作書」)。這些豪華精美的限定本不但成為愛書人士的珍藏品，同時也吸引了愛畫人士開始競相收藏。

當時歐美出版的限定本不僅限量製作，還依據國家／地區以及特定用途進一步細分版本。如《酒神之假面舞會》限量發行了 550 本，其中 400 本在大英帝國(the United Kingdom)販售，僅 100 本在美國(the United States of America)流通，另外有 50 本則是提供書店展示用(presentation)。雖然在書上並未明確說明哪些號碼分配給英國或美國，但筆者猜測，第 1 至 400 號應該是在大英帝國內售出，第 401 至 500 號在美國售出，而第 501 至 550 號則可能在兩地皆有流通(因此，圖 5 所示的第 325 號應該是最初在英國販賣的限定版)。

除了限定本外，當時歐洲還有「豪華本」(édition de luxe)。大約 1922 年在英國出版的《哈姆雷特》(*Hamlet*)，該書插圖由英國插畫家約翰・奧斯汀繪製，書的扉頁(fronticepiece)上標註：「此書還印製了 60 本使用手工紙且附有額外書名頁的『豪華本』」，其中 50 本有藝術家的簽名供銷售使用。」由此可見，其中有 10 本是非賣品。

談到「豪華本」，1910 年由格林兄弟出版、法英混血插畫家艾德蒙・杜拉克負責插圖的《睡美人與其他童話》

約翰・奧斯汀
John Austen
1886–1948

格林兄弟：
雅各布·路德維希·卡爾·格林
Jacob Ludwig Carl Grimm
1785–1863

威廉·卡爾·格林
Wilhelm Carl Grimm
1786–1859

艾德蒙・杜拉克
Edmund Dulac
1882–1953

7 《睡美人與其他童話》
精裝本

格林兄弟出版
艾德蒙・杜拉克插繪
1910 年
劉夏泱收藏

藤田嗣治
Tsuguharu Foujita
1886–1968

（*The Sleeping Beauty and other Fairy Tales*）便是一例，該書在美國限量發行 150 本。不論是限定本或豪華本，我們可以清楚看到當時出版界對插畫的重視。

隨著工業革命帶來的社會階級變遷，19 世紀成為插畫藝術蓬勃發展的黃金時代。印刷技術的提升使書籍得以更大規模的印刷、出版，閱讀不再是貴族的專屬權利，這一變革帶動了書籍消費需求增長，英、法等國的許多藝術家紛紛投入書籍插畫的設計與製作，成為推動插畫書籍蓬勃發展的外部動力。

在此之前，學院藝術體系建制的藝術門類階級，將書籍製作納入「低藝術」（arts mineurs）的範疇，許多以創作「高藝術」（arts majeurs）為職志的藝術家因此對書籍製作抱持輕視的態度，這種思想在 19 世紀反學院風潮的衝擊下發生了改變，越來越多藝術家投入書籍的設計與製作，促使精良的書籍作品層出不窮，推動了插畫書籍的發展。

1910 年，畢業自東京美術學校的畫家藤田嗣治成為

巴黎畫派（The École de Paris）的代表人物，時至今日，他仍然是在法國最為著名的日本藝術家。有趣的是，大部分的人對他的認識都僅止於他的油畫和版畫成就，殊不知藤田在書籍裝幀方面也是近代日本藝術史的重要代表人物之一。

　　藤田嗣治於 1913 年赴法留學後，在秋季沙龍見到「豪華本」大為驚艷，從此對法國的愛書文化深感讚嘆，並在日後積極投入了這一領域。在〈巴黎的日與夜〉（巴里の昼と夜）一文中，藤田嗣治曾寫了以下感想：

> 　　在秋季沙龍中，也可以透過陳列展品來理解書籍裝幀技術。……日本人絕對無法想像歐美人愛惜書籍的程度。擺放在書店門面的書幾乎全是豪華版，並與普及版分開放置。在這些豪華本中還可以再分二到三種層級，其中限定版一定會有編號。而大部分都會附有作者的簽名。在裝幀、活字印刷或是印刷用紙上必會花費大量的勞力與金錢，甚至還有會挑選作者、且非豪華本就不要的人。換句話說，若該書已成絕版品，即使其售價比市價高出十倍、百倍，依然有人願意將它買下，作為一件藝術品來收藏……，即使被稱作收藏家，他們還是一定會買兩本一模一樣的書，一本收入櫃中長期保存，另一本則是放在手邊閱讀。然而，我認為這種風氣也應當在我國流行。

　　1919 年，翻譯家小牧近江出版詩集《詩數篇》（*Quelques poems*），限量發行 210 部，這是藤田嗣治參與書籍插畫工作經歷中的第一本限定本。在那之後，藤田更參與了超過 50 本插畫書的製作工作，其中三分之二是在 1920 年代出版的。藤田在許多插畫書中使用了木刻

小牧近江
1894–1978

保羅・克洛岱爾
Paul Claudel
1868–1955

8 《東方所觀》

藤田嗣治裝幀
保羅・克洛岱爾著
1925 年初版
19.3×13.1 公分
私人收藏

引用自：https://www.ebay.fr/
itm/173687713047 (2024.12.4 瀏覽)

9 《日本昔噺》

藤田嗣治編集 / 翻譯
1922 年初版
27.5×18.5 公分
私人收藏

引用自：布蘭卡工作室藝廊（Atelier
Blanca）
https://www.atelier-blanca.com/
shopdetail/000000002259/
(2024.12.4 瀏覽)

菊池容齋
1788–1878

西川滿
1908–1999

版畫或銅版畫進行創作，對他和許多參與書籍插畫的藝術家而言，版畫不僅是複製技術而已，更是一種藝術表現的形式。

在當時的法國，木版畫因其樸素又柔美的表現風格，常被視為富有東洋魅力。法國外交官、散文家與詩人保羅・克洛岱爾在 1895 年至 1909 年間於滿清擔任領事，期間撰寫了《東方所觀》(*Connaissance de l'est* ／東方所観) 一書，這本書是根據他自 1895 年以來在中國的所見所聞，融合詩歌和散文的印象集。該書於 1900 年出版第一版，1925 年換上新的包裝後重新出版「新裝版」，限量 1,960 部，這一版本的封面與插圖皆由藤田嗣治親自繪製並自刻木版畫完成。

除了插畫和封面的創作外，藤田嗣治也曾多次親自參與書籍的裝幀。舉例來說，1923 年由藤田編輯、翻譯的《日本昔噺》(*Légendes Japonaises*)，是一本由日本寓言、神話、傳說等組成的書，書中 66 幅插畫源於江戶末期出版的菊池容齋木刻版本的「前賢故實」，藤田嗣治雖參照其構圖與造型，但線條更加柔軟，並改以水彩畫方式描繪，在風格上添加了更多自己的巧思。該書不只插畫，包括封面、封底、文字編排設計都是出自藤田自己一手裝幀，全書一共 85 頁，限量出版 2,104 部。

1910 年代左右，藤田嗣治等留歐藝術家或文學家們開始將限定本、豪華本、或精裝本的概念引入日本文藝界。1920 年代，從臺灣前往東京求學的西川滿就深受這種出版文化的影響，並將這股風潮帶回到臺灣藝壇。

耳目一新：童話與繪本

　　除了限定本與精裝本外，童話與繪本也在 20 世紀初的日本文藝界崛起，成為一顆閃亮的新星。兒童文學和童話自古以來吸引著富有創意的插畫家參與創作，他們的作品不僅妝點了書頁，往往還啟發了年輕讀者的想像力。在英國，繪本從 17 世紀後半開始萌芽、流傳，到了 18 世紀中葉，約翰·紐伯利於倫敦開設了專門的童書出版社，為兒童文學奠定了基礎。直到 19 世紀，像安徒生和路易斯·卡羅這樣的作家創作出的兒童奇幻與童話故事，如《小美人魚》、《碗豆公主》、《愛麗絲夢遊仙境》等相繼問世，並被迅速翻譯成多國語言流通，包括日文和漢文。

約翰·紐伯利
John Newbery
1713–1767

安徒生
Hans Christian Andersen,
1805–1875

路易斯·卡羅
Lewis Carroll
1832–1898

　　安徒生出生於丹麥，1835 年他發表了第一本童話故事集《講給孩子們聽的故事》(*Eventyr, fortalte for Børn*)，他一生一共發表了 170 多篇的童話故事，其中許多故事如《小美人魚》和《醜小鴨》，都蘊含他個人的情感經歷。除此之外，還有一部分是改編自民間流傳的舊聞野史。例如《國王的新衣》，作品原型來自一則 14 世紀西班牙民間流傳的故事，描述一位摩爾人的國王被三名騙子愚弄，騙子假裝為皇帝編織出一件華麗衣裳，並謊稱只有國王的私生子才看不見它。當皇帝駕車到市集，向公眾展示他身上的「新華服」時，卻被一個刻意挑釁的非洲人揭穿真相。

　　五個世紀後，安徒生重寫了這個故事，將其轉化為家喻戶曉的童話。安徒生大致保留了原作故事情節，但將看不見衣服布料的人，從原作中的私生子改為愚蠢的人，揭發者也從非洲人變成了一個天真的小孩。安徒生改寫潤色過程中，特別在故事結尾處營造出一個高潮：小孩誠實地大喊出「他沒有穿衣服！」這句真話，將原本

荒誕的故事昇華到了一個全新的境界，也流露出安徒生對兒童純真、不隱瞞的天性的讚美。

除了《國王的新衣》之外，《小美人魚》和《醜小鴨》兩篇故事同樣以安徒生自己的情感經歷為原型，因而觸動了無數人的心靈深處。安徒生的童話大量運用了丹麥下層人民的日常口語和民間故事，語言淺顯易懂，但這些童話背後隱含了深奧的意義，這些內涵往往只有成年人才能夠理解。

安徒生的童話語言流暢生動，樸實自然，故事充滿獨特的創造性，賦予了童話全新的面貌。他的童話類型與取材廣泛，但主題卻集中而單純，主要表現世間真善美的理想境界。由於安徒生童話的文學藝術性高，這些作品很快地就突破國界，不僅在整個歐洲與美國廣泛出版流傳，到了 19 世紀末至 20 世紀初，也相繼流傳到了日本與中國。

1888 年，安徒生童話的〈國王的新衣〉（不思議の新衣裳）首次登陸日本。該作品曾兩次刊登於《女學雜誌》，分別是 1888 年 3 月 10 日發行的第 100 號及同年 3 月 17 日發行的第 101 號。同年 12 月，安徒生的這部作品再次被刊登於春祥堂發行的《諷世奇談　國王的新衣》，該文是從法文翻譯而來的，譯者為在一居士，本名河野政喜，淺顯簡單的文體使小朋友易於理解。

接著在 1891 年 3 月，博文館發行的《少年文學》第 2 集則是刊登了小說家尾崎紅葉的《二人椋助》，這部作品改編自安徒生的〈小克勞斯與大克勞斯〉（*Little Claus and Big Claus*）。相較於原著在岩波文庫中篇長約 20 頁左右的篇幅，《二人椋助》卻是多達 113 頁的單行本，由此可見尾崎紅葉在改編的過程中投入了無數心血。根據安徒生的回憶錄，〈小克勞斯與大克勞斯〉是他幼時耳熟能詳的丹麥寓言故事，換言之，這也並非安徒生的原創作品。

河野政喜
生卒年不詳

尾崎紅葉
1868–1903

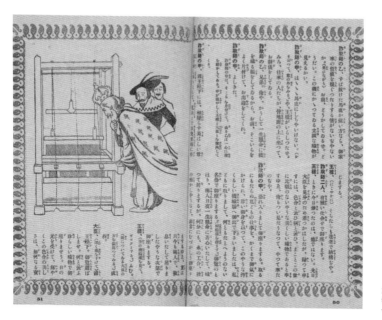

10 岡本歸一繪製〈國王的新衣〉插圖

取自長田秀雄譯,《金の船》(安徒生特集號),1920 年

巖谷小波
1870–1933

　　除此之外,自 1887 年 3 月起,兒童文學家巖谷小波曾六次向《幼年雜誌》投稿,發表了作品〈極樂園〉(極楽園),也是改編自安徒生的〈天國花園〉(*The Garden of Paradise*)。這個故事源自西班牙,講述一位 17 歲的王子乘著東風飛上天,造訪天國花園並邂逅仙女的奇遇。王子和仙女一起飲酒,後來王子情不自禁地親吻了沉睡中的仙女,此時突然雷聲大作,天國隨即沉沒消失,這個故事暗喻了青少年在生理上的煩惱。人活著所經歷的成長與生理煩惱的真實感,藉由安徒生的文字精準地被記錄下來。

　　然而,在巖谷小波的〈極樂園〉裡,原作中有關男人「性」福和痛苦相關的情節被認為不宜出現在童話中,因而全都被省略掉了。故事改寫成王子只是酒醉,獨自一人睡去,醒來後發現自己躺在一大片的蘋果樹林裡,王子因為喉嚨乾渴,環顧四周找尋水源抬頭一望時,從果實滑落下來的露水正好滴入口中,甘甜美味。

　　此外,拜森鷗外翻譯的〈即興詩人〉所賜,安徒生在日本變得更加家喻戶曉。自此之後,引介安徒生童話的

森鷗外
1862–1922

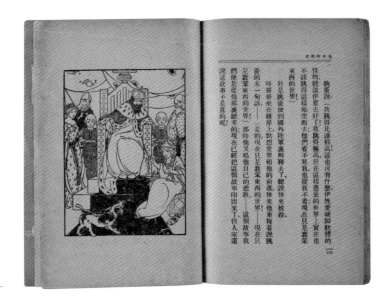

11 《皇帝的新衣》

趙景深譯
繪者佚名
上海：開明書店
1930 年 8 月初版
浙江省圖書館收藏

岡本歸一
1888–1930

出版品持續不斷湧現，進入大正時期以後，安徒生的其他作品也不斷地被翻譯成日文出版。除了〈國王的新衣〉外，還有〈美人魚〉（小海姬）、〈賣火柴的小女孩〉（マッチ賣の小娘）等多部經典名作。

從橋口五葉和岡本歸一為《安徒生童話》所製作的插畫作品來看，當時在版權觀念還不強的時代，許多出版社可能請畫家直接沿用歐洲來源的風格。學西洋畫出身的岡本歸一所繪的〈國王的新衣〉，風格就非常接近 1930 年在中國開明書店出版的《皇帝的新衣》，而開明書店版的插畫就是直接從歐洲挪用來的。不同於岡本歸一，以美人畫和版畫聞名的橋口五葉則在插畫中融入了傳統浮世繪風格，創作出的是另一種和洋折衷的〈美人魚〉作品。

1920 年代的日本是大正時期「童心主義」最為高漲的時代。所謂「童心主義」，是一種將兒童理想化、視其為純真無瑕的思想，這一觀念同時支撐著整個大正時期的童話、童謠、教育理念的兒童觀，以及文學的蓬勃發展。而為了鼓勵和激發兒童的創造力和獨創性，日本的知識份子將童話提升到廣受全年齡層歡迎的類型，並由當時一流的版畫家或日本畫畫家配上插畫以圖畫來呈現。

明治時期奠下基礎的口演童話在進入大正時期後，兒童繪本、兒童歌曲和兒童劇的發展更是達到了顛峰。在日本，「お伽噺」（童話）或改編童話並非自古以來就存在，專為兒童創作的讀物、繪本或雜誌，都要等到大正時期才逐漸出現。例如，1914 年婦人之友社創刊了《兒童之友》（子供之友），知名畫家武井武雄、竹久夢二等都為該刊物創作了許多插畫。

在兒童受到知識分子高度重視的背景下，武井武雄、竹久夢二和岡本歸一等人除了為《兒童之友》創作許多插畫外，還介紹大量來自俄羅斯、法國、美國等國的兒童文學、繪本和節日故事，這些作品在出版市場上廣受歡迎。1924 年，日本第一本為兒童發行的漫畫雜誌《兒童潑克》（子供パック）創刊，發行人正是武井武雄和竹久夢二。武井武雄和竹久夢二不僅在日本的畫壇與書籍裝幀上取得重要成就，他們創作與兒童相關的插畫、封面、甚至文學等作品，對近代臺灣與中國的藝術界也產生了深遠的影響。

12 　橋口五葉繪〈美人魚〉插圖

取自上田萬年譯，《安得仙家庭物語》，大阪：鐘美堂／東京：玄黃社，1911 年

13 　竹久夢二〈聖誕節〉插畫

取自《兒童之友》12 卷 12 號，1925 年 12 月

武井武雄
1894–1983

為兒童創作的畫

武井武雄是一位出生於長野縣岡谷市的藝術家和插畫家，1919年畢業於東京美術學校西洋畫科。1921年，他開始為婦人之友社的《兒童之友》提供插畫；1922年，他擔任東京社創刊的圖繪雜誌《兒童王國》（コドモノクニ）創刊號雜誌封面及文字的設計者，隨後更成為該社繪畫部門的主任。

1923年，武井武雄出版了他的第一部童話集《童話的新生命》（お伽の卵）。他主張創造「能感動兒童內心的畫」，並在1924年於銀座資生堂畫廊舉辦「武井武雄童畫展」，那時他首次提出了「童畫」一詞。「童畫」，指的是為兒童所創作的畫。1927年，武井武雄更與岡本歸一、初山滋等兒童插畫家前輩共同組成「日本童畫家協會」，並在《兒童王國》和《兒童潑克》等雜誌上盡情展示他們耀眼的作品。

初山滋
1897–1973

2

　因此，1920 年代的日本不只是童心主義，也是繪本（E-hon 一詞源自日文，指的就是圖畫書）的黃金時代。而這一輝煌的發展對當時為日本殖民地的臺灣藝壇也產生了影響。

　與竹久夢二作品中洋溢的純潔和浪漫不同，武井武雄的作品展現了更多的想像力與創造性。武井不僅是一位插畫家，還是一位書籍裝幀設計家，他的書籍作品一般都限量發行 300 至 500 本之間，而且只給提供給會員購買，並不對外販售，因而更加珍貴。他喜歡使用大膽的構圖和幾何線條，寥寥簡約數筆就勾勒出可愛的人物和靈巧的動物。武井的作品充滿了幻想、天真與現代性，當時臺灣的《臺灣日日新報》也可以看到他繪製的廣告！

【延伸閱讀】

‧ 河合隼雄、松居直、柳田邦男著，林真美譯，《繪本之力》，臺北：遠流出版公司，2005
‧ 堀江あき子‧谷口朋子編，《ドこどもパラダイス：1920–30年代絵雜誌に見る‧キッズらいふ》，東京：河出書房新社，2005

1　武井武雄繪《兒童王國》封面　1926 年 10 月號 / 12 月號　取自維基百科公共領域圖像：

　　https://commons.wikimedia.org/wiki/File:Kodomo_no_kuni_magazine_cover,_Vol._5_no._12,_December_1926,_Takeo_Takei.jpg

　　https://commons.wikimedia.org/wiki/File:Kodomo_no_kuni_magazine_cover,_Vol._5_no._10,_October_1926,_Takeo_Takei.jpg

2　武井武雄繪製廣告　取自《臺灣日日新報》1927 年 10 月 28 日

5

臺灣裝幀藝術的現代性起點

　　臺灣的西方藝術巨匠鹽月桃甫先生有相當多的裝幀作品，在媽祖書房成立之前，他享有第一人的聲譽。大正 12 年 11 月他與佐山融吉和大西吉壽合著出版的《生番傳說集》是他早期之作。在這作品中，他很不尋常地使用木刻版畫，並以紅色和深棕色描繪了番人，作品的絲綢裝幀特別精美。

—— 臺灣民俗研究者、編輯　池田敏雄

〈臺灣關係の書物の裝幀を見る（二）裝幀批判〉，《臺灣日日新報》1938 年 1 月 12 日

1	2
	3
	4

1 《初等圖畫第二學年用》

1936 年
國立臺灣圖書館收藏

2 《初等圖畫第四學年用》

1936 年
第 23 圖「封面圖案」
國立臺灣圖書館收藏

3 《初等圖畫第五學年用》

1936 年
第 3 圖「遠足」
臺灣設計口收藏

4 《初等圖畫第五學年用》

1936 年
第 18 圖「書物」
臺灣設計口收藏

石川欽一郎與臺灣美術教育的啟蒙

　　1895 年，因為甲午戰爭的失敗，大清帝國將臺灣割讓給日本，隨之展開了長達五十年的殖民統治。在清領時期，臺灣民間仕紳多偏好筆韻墨趣的文人畫，繪畫的交流與學習主要依賴社交活動，尤其是來自福建一帶流寓臺灣的書畫家。他們不僅和臺灣仕紳交流，還與在地畫家和從事寺廟彩繪的畫師往來。一些漢式傳統筆墨風格的繪畫作品，因此受到當時豪門仕紳（如板橋林家）收藏，或間接保存在民間寺廟的傳統彩繪中。然而，隨著日本登臺統治開始，這樣的藝文生態逐漸出現變化。

　　1912 年 11 月 28 日，臺灣總督府第 40 號公學校規則改正之時，其中第三條規定「修業年限六年之公學校教學科目為修身、國語、算術、漢文、理科、手工及圖畫、唱歌、體操」，這是圖畫科與手工科首次正式納入臺灣初等教育架構。

　　依據 1930 年《臺灣國民教育日記》第一教育公學校各科教授記載：「圖畫：以培養觀察物體之狀態並正確地繪畫之能力，培養其美感為宗旨。」當時，公學校的繪畫課多由級任老師兼任，課堂上多臨摹畫帖，工具主要是鉛筆和水彩，而鮮少使用水墨，這一過程逐漸改變了臺灣近代美術教育的方向。

5 《公學校用國語讀本》
　卷6

1937 年
封面與內頁插圖「公園」
臺灣設計口收藏

石川欽一郎
1871–1945

鹽月桃甫
1886–1954

　　除了畫帖之外，其他課程的教材如《公學校用國語讀本》中也多以美術插圖來引導學童認識新知，由此，學童們得以接觸美術，並培養起美育的觀念。

　　1919 年，臺灣總督府頒布《臺灣教育令》，初步確立了臺灣學制，並廣設中等以上的學校。在日治時期，只有中學校設有專職的美術教員，而這些美術教師多以教授西畫為主，其中又以水彩最為普遍。「寫生」等新興藝術觀念，也在此時期透過許多旅臺的日本畫家如石川欽一郎、鹽月桃甫等人，引進臺灣的教育體系。這一波藝術思潮刺激了許多有志學習美術的臺灣青年，紛紛前往日本及歐洲深造。這些旅臺日本畫家對近代臺灣美術教育的啟蒙與發展，扮演著非常重要的角色。

　　石川欽一郎被譽為「臺灣近代西洋美術的啟蒙者」，36 歲的他被派至臺灣，擔任總督府陸軍部幕僚附陸軍翻譯官。雖然職務以翻譯為主，但他的繪畫才能與聲譽受總督府高度重視。1908 年 1 月，石川在臺灣總督府臺北國語學校（1920 年改為總督府臺北師範學校）舉辦了他在臺灣的首場個展。自 1909 年春起，石川開始擔任總督府臺北中學校（後易名為臺北州立臺北第一中學，戰後改名為建國中學，以下簡稱「臺北一中」）的約聘教師，並

於次年兼任國語學校的圖畫課教師。石川任教圖畫課時，培育出的第一位立志成為畫家的臺灣弟子為倪蔣懷。

與 1921 年由林獻堂、蔣渭水等人發起，聯合臺灣各地知識分子的「臺灣文化協會」相比，石川欽一郎的教育實踐更早便開始為臺灣美術運動播下種子，也為日後臺灣美術的發展奠定了深遠的基礎。

石川第一次在臺停留了九年，於 1916 年離臺返日，之後多次前往歐洲各地寫生。1924 年 1 月，他受臺北師範學校校長志保田鉎吉邀請再度來臺，擔任該校約聘教師，從此真正展開了在臺灣的美術活動。石川於臺北師範學校與臺北中學校（臺北一中）擔任約聘教師同時，也在課外開設繪畫班，為立志成為畫家的學生提供專業的生涯規劃與指導。此外，他在臺期間還指導七星畫會、臺灣水彩畫會等藝術團體，並在臺灣各地學校舉辦美術講習會等，致力推動美術教育，大力提攜後進。

許多重要的臺灣畫家，如陳澄波、廖繼春、陳植棋、張萬傳等，皆曾受到石川欽一郎的啟發與教導。其中最知名的學生之一是藍蔭鼎——一位羅東出身的水彩畫家。當時，大多數的學生都熱衷於油畫創作，但石川非常用心教導鍾情於水彩創作的藍蔭鼎。藍蔭鼎深受石川熱愛藝術的精神感召，非常仰慕這位對美術充滿熱情的老師並認真學習，在石川的指引下，開創了自己在水彩畫領域的一片天地。

石川第二次在臺灣停留長達了十六年，他除了在臺北授課，還鼓勵學生成立社團以促進交流，更前往臺灣各地講習，傳播美術理念，影響者眾。這些美術教育推廣的付出，為他奠定了在臺灣美術史「導師」的重要地位。

石川曾在〈臺灣風景鑑賞〉（臺灣風景の鑑賞）一文中寫道：

倪蔣懷
1894–1943

林獻堂
1881–1956

蔣渭水
1888–1931

志保田鉎吉
1873–1959

陳澄波
1895–1947

廖繼春
1902–1976

陳植棋
1906–1931

張萬傳
1909–2003

藍蔭鼎
1903–1979

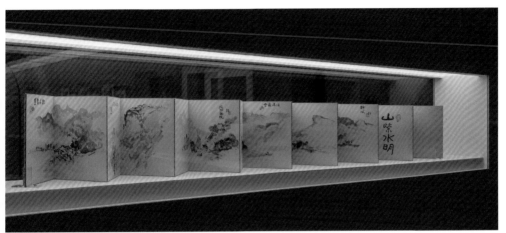

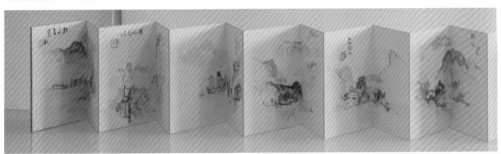

6 石川欽一郎
《山紫水明帖》全冊展
開貌

1929 年 冊頁 水彩紙本
24×19×3 公分
內頁 24×36（展開 504）公分
臺北市立美術館收藏

比起京都的優雅，臺灣顯得粗獷豪野了許多。
由於色彩濃豔、光線強烈致使輪廓線也增強明
朗……強烈的線條構成，遂為南國自然景觀的特
徵。

1929 年，石川欽一郎製作《山紫水明》畫帖，贈送給
他的學生倪蔣懷，期勉他創辦臺灣繪畫研究所，因此這
件畫帖對倪蔣懷具有相當重要的意義。

有趣的是，這件畫帖雖採用西式水彩風格創作，但
裝幀形式卻是漢式的冊頁。在入藏臺北市立美術館後，
館方還製作了新的四合套的藍色書帙。畫帖兩面都有作
品：正面包括灑金扉頁、石川的題字，六開的臺灣風景
畫，如〈淡水歸帆〉、〈次高載雪〉等；背面則有七開中
國地景風光，如〈福州馬尾〉、〈韓江涵溪塔〉等，與一

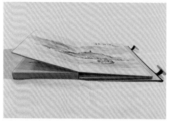

開扉頁。石川此冊頁的作品筆法粗獷、色彩濃厚頗富南國風光的特色,同時技法上也融入日本傳統水墨畫「南畫」(或文人畫)的風格,這不僅符合當時日本中央藝壇流行的藝術思潮,也與畫帖的漢式典雅裝幀相互輝映。

和贈與倪蔣懷的水彩冊頁不同,1932年石川欽一郎離開臺北前,將其風景水彩畫作品匯編印製為《山紫水明集》一冊。「山紫水明」為和製漢語,意即山清水秀,風光明媚,以喻臺灣的好山好水、美麗風光。在該畫集的序言裡,日本在臺知名商人中辻喜次郎寫到:

　　明治三十八年,正值日俄戰爭時,營口市軍政官的與倉喜平造訪了我在營口市的店面,聽到我獨自在樓上唱著歌後,他連長靴都沒脫就蹦蹦地走上樓並對我說:「在我們軍政署也有一位愛歌謠更甚吃飯的人,我想把他介紹給你,來軍政署

中辻喜次郎
1867–?

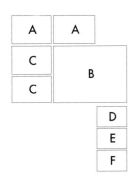

走走吧。」約好造訪軍政署的日期後他就回去了，而他所介紹的人正是我的好友，石川欽一郎先生。

在當時和外國人士的交涉往來極其頻繁下，石川先生您所擔任的通譯官可說是營口軍政署最重要的職務了，之後造訪您的宿舍時看到您屋內貼滿了您創作的水彩畫，而您把其中一幅畫贈與我。當時的我對於日本畫雖有些許的涉獵，但還沒培養出對油畫及水彩畫的雅興，就這樣沒多想地把您的贈畫貼在我的房內。然而每個在我房內看過您的贈畫的人都誇讚您的畫工，包括酒井野梅大師及加藤定吉等人都讚賞不已。

隨後，不論是在您通譯官任滿返回日本，再被派任至臺灣軍司令部參謀部擔任通譯官時，或是之後您任教於臺北師範學校擔任繪畫教授時，敝人和您的友誼是與日俱增；之後在歐美旅遊時，或是幾次在鎌倉及成城村建造住宅時，您一直都是我無話不談的好友。

和您能維持長達三十年之久的深厚情誼，並非只是因為您的英文能力，非您的畫工及吟唱的能劇歌謠，全因您那崇高的人格。

這次在您再次被調回日本本島之際，您特意選了在臺中發行的《臺灣新聞》報上的寫生畫中的得意畫作進行出版，一方面是為了臺灣本島的藝術界留下永久記念外，在把臺灣本島的山河景色介紹給普羅大眾上更是極具意義，我也樂見此舉，故以此文為您題序。

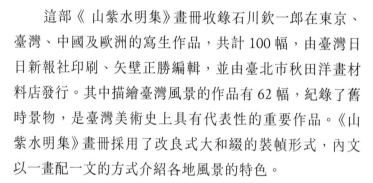

	9
8	
	10
8	

這部《山紫水明集》畫冊收錄石川欽一郎在東京、臺灣、中國及歐洲的寫生作品，共計 100 幅，由臺灣日日新報社印刷、矢壁正勝編輯，並由臺北市秋田洋畫材料店發行。其中描繪臺灣風景的作品有 62 幅，紀錄了舊時景物，是臺灣美術史上具有代表性的重要作品。《山紫水明集》畫冊採用了改良式大和綴的裝幀形式，內文以一畫配一文的方式介紹各地風景的特色。

如前所述，除了倪蔣懷之外，另一位深受石川影響的學生是藍蔭鼎。1909 年，6 歲的藍蔭鼎進入羅東公學校，並於 1914 年畢業。1921 年，在藍蔭鼎 18 歲時，羅東公學校富田校長因緣際會看到了藍蔭鼎的水彩畫作品，印象深刻，由於當時小學缺乏美術教員，富田校長便邀請這位校友擔任美術教員。

1924 年，藍蔭鼎在學校舉辦了一場學生畫展，當時

8 《山紫水明集》

矢壁正勝編
石川欽一郎繪
臺北，秋田洋畫材料店
1932 年
18.2×26×1.6 公分
劉榕峻收藏

9 藍蔭鼎〈北方澳〉

取自《第一回臺灣美術展覽會圖錄》，
1928 年

10 《臺灣藝術》
　　創刊號封面

藍蔭鼎設計
李逸樵題字
國立臺灣文學館收藏

矢壁正勝
生卒年不詳

他帶著富田校長的介紹信，前往臺北第二師範（即後來的臺北師專，今日的臺北教育大學，當時也稱「北二師」）請石川欽一郎擔任評審會的主審。石川在這次畫展中見到藍蔭鼎的作品，並對這位擁有如此精湛水彩技法的鄉下書生甚為讚賞。

在石川的推薦下，北二師的志保田校長特別為藍蔭鼎提供了一項獎學金，每個月 40 元，並補助他從羅東到臺北的交通費。藍蔭鼎自此開始每個月都前往臺北，跟隨石川學畫一天。

藍蔭鼎在臺北期間與石川的學生們一起學習，並積極參與當時「臺展」和「府展」等官辦競賽，屢獲佳績。1940 年代，他以水彩畫為許多雜誌繪製封面，其中《臺灣藝術》創刊號可說是代表，由藍蔭鼎繪製封面，題字則出自日治時期臺灣書法家與鑑賞家李逸樵之筆。藍蔭鼎的水彩風景畫，展現出石川的風格影響，同時也保有他早期作品中用色較為厚重的特徵。

鹽月桃甫：《翔風》、《生番傳說集》與《臺灣見聞記》

接下來，我們要談談另一位對臺灣美術發展以及現代裝幀藝術影響甚鉅的畫家——鹽月桃甫。鹽月本名善吉，出身日本九州宮崎縣，與石川欽一郎同為奠定臺灣西畫發展基礎的靈魂人物。1912 年，鹽月自東京美術學校圖畫師範科畢業後，曾在大阪、愛媛等地任教。1921年，他渡海來臺，直到 1946 年返鄉，這段期間他投入臺灣的美術教育，有著重要的貢獻。

1927 年，鹽月桃甫和石川欽一郎、鄉原古統以及木下靜涯等人聯手推動創辦了臺灣美術展覽會，首開東洋畫部與西洋畫部兩個部門。第一回「臺展」轟動全島，在臺北樺山小學校的講堂開幕，開幕當天湧入眾多參觀人

李逸樵
1883–1945

鄉原古統
1887–1965

木下靜涯
1887–1988

潮,「臺展」從此成為臺灣文化界每年秋季的盛事,此後深刻影響臺灣的美術發展。

　　即使鹽月桃甫不像石川欽一郎來臺之前便已在日本小有名氣,且日後也未受到日本近代美術史的重視,但他在臺灣藝壇推動官方展覽會,以及在學校擔任美術老師,傳遞藝術觀念,在學生眼中甚至帶有批判精神的言行形象,加上特殊的繪畫風格,成為了臺灣美術史中不可忽視的重要存在。

　　鹽月桃甫自 1921 年來臺後,先後擔任臺灣總督府臺北中學校以及臺北高等學校(簡稱臺北高校,即今日的國立臺灣師範大學前身)的美術老師。鹽月是引介野獸派風格(Fauvism)到臺灣畫壇的重要畫家,他在臺灣期間創作了大量的風景畫和人物畫,其中許多作品以臺灣原住民為主題。例如 1931 至 1932 年的〈霧社〉、1932 年的〈母〉,展現出強烈的人文主義關懷。他因此被譽為「東方高更」,作品風格融合了現代藝術與對在地文化的深刻觀照。根據鹽月桃甫曾在臺北高校教過的學生許武勇的回憶:

　　　　上課時經常輔以彩色複製品解說西洋現代畫派,諸如印象派、野獸派、超現實派、未來派、表現派、天真派、立體派,並要求每個人要在尋

11　《翔風》特輯號封面

大場泰設計
1928 年
22.3×15.2×1.2 公分
臺灣設計□收藏

12　《翔風》第7號封面

大場泰設計
1929 年
22×15×0.7 公分
臺灣設計□收藏

許武勇
1920–2016

常科畢業時（相當於高中一年）提出美術論文。

鹽月桃甫主張自由主義思想，強調每位藝術家的作品須有自己的個性及創造性，並且主張自由思考是藝術創作的核心。

除了油畫與藝術教育之外，鹽月桃甫也從事插畫、書籍裝幀和其它的美術設計工作。在臺灣任教期間，他不僅為臺北高校的藝文刊物《翔風》（1926年3月5日創刊，1945年7月15日休刊）設計封面，還為臺北高校設計校徽。

日治時期，臺灣許多學校及校友會都出版刊物，如臺北高校的《翔風》、宜蘭農林學校校友會的《蘭陽》、臺南高等工業學校校友會的《龍舌蘭》等。這些刊物內容除了報導學校近況、社團發展、校友活動等資訊外，還闢有文藝欄，刊登校內師生的創作。《翔風》是臺北高校的重要刊物，由文藝社發行，內容涵蓋小說、評論、隨筆及戲曲等。該刊物的封面由鹽月桃甫、大場泰、土方正已等美術教師繪製設計，呈現出明朗、多元且現代的氣息，融合了具象與立體派等風格，形塑了自由創作的文學精神，展現1920年代校園文藝青年理想與清純的氣質。

鹽月負責設計的《翔風》第4號、第8號和第11號封面，則展現了他駕馭多元繪畫風格的能力。其中，第4號封面的設計風格尤為突出，反映了1910年代以來日本藝壇在追求現代性的同時，力圖調和東方藝術，尤其是經由日本文化消化後的中國繪畫特質。這幅封面畫的色調古雅，筆觸率意而流暢，宛如「南畫」中的墨筆揮毫，營造出「氣韻生動」般的詩意。然而，在簡化物象與構圖方面，卻又充滿現代感，呈現出介於傳統與創新之間的趣味性。這種設計不僅可見鹽月在繪製封面時思考藝術形式的多元融合，更可見他對東西方美學的探索與再詮

大場泰
生卒年不詳

土方正已
生卒年不詳

釋的嘗試。

　　「南畫」在日本的發展歷史中，經歷了由繁榮至沒落，再到重生的變遷。幕末到明治初期（1882年以前），「南畫」在日本畫壇仍然廣受歡迎。然而，由於東京大學學者費諾羅沙在龍池會演講的批評，使得「南畫」在19世紀末的日本畫壇不受欣賞，甚至加速凋零。

　　1910至1930年代是日本文人畫的轉折點。傳統水墨畫那簡逸的構圖和平淡的墨線，隨著日本畫家的足跡，在19世紀末20世紀初被帶進了歐陸。橫山大觀與岡倉天心等人在1904年旅美後，更加強化了東方精神文明的優越性。大約在1917年前後，為了建構一種能與西方文化抗衡的東洋文化特徵，在日本學者大村西崖、瀧精一等人的主張倡導下，文人畫被重新視為東洋藝術的精髓，並因此再度興盛。20世紀初，日本企圖將「南畫」轉化成一種文化符號，建構歐美各國社會對東方文化的想像，而日本也成為當時東方美術的代表。

　　這股重返「南畫」精神的風潮，不僅在「日本畫」畫壇產生影響，甚至對同時期日本西洋畫界也帶來革新，梅原龍三郎和萬鐵五郎就是其中的代表例子。

　　梅原龍三郎於1908年到1913年前往法國留學，他

13 《翔風》第4號封面

鹽月桃甫設計
1927年
22.3×15.1×1 公分
臺灣設計口收藏

14 《翔風》第8號封面

鹽月桃甫設計
1929年
22.1×15.4×0.8 公分
臺灣設計口收藏

橫山大觀
1868–1958

大村西崖
1868–1927

瀧精一
1873–1945

梅原龍三郎
1888–1986

萬鐵五郎
1885–1927

15 《翔風》第11號封面

鹽月桃甫設計
1932 年
22.1×15×0.6 公分
臺灣設計口收藏

雷諾瓦
Pierre–Auguste Renoir
1841–1919

富岡鐵齋
1837–1924

喬治・魯奧
Georges–Henri Rouault
1871–1958

遍歷歐洲，飽覽名畫，眼界大開，特別鍾情於法國印象派畫家雷諾瓦那描繪豐潤人體質感的油畫作品。然而，到了 1920 年代，梅原的藝術風格發生脫胎換骨的變化，在南畫復興，重新受重視的時代氛圍中，他以富有東方色感的裸女油畫崛起，作品中運用紅綠對比與粗獷的線條表現裸女形象。1937 年背景華麗的〈裸婦扇〉就是梅原的代表作之一，這幅作品融合了日本文人畫大師富岡鐵齋的意境與法國野獸畫家喬治・魯奧的粗獷筆觸。

野獸派是 20 世紀初期興起的畫派，畫風強烈而用色鮮豔大膽，不再拘泥於傳統的遠近比例、透視法、和明暗法，而是追求平面化構圖，以及陰影面與物體面強烈的色彩對比，且脫離摹仿自然。這種風格也隨者日本藝術家們留法後的交流，於 1920 年代在日本藝壇成為眾所矚目的焦點。

鹽月設計的作品正可說是野獸派影響的縮影，1929年第 8 號《翔風》的封面畫，將平面化的背景與裝飾性的臺灣原住民圖騰相結合，呈現出與他的油畫風格完全不同的面貌。到了 1932 年第 11 號的封面作品時，他的設計呈現出強烈畫風與大膽鮮豔用色，充分展現出其受到野獸派影響的狂野畫風與蓬勃生命力。

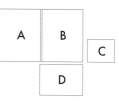

A	B	
	D	C

誠如日本的臺灣民俗學者池田敏雄在《臺灣日日新報》所言：

　　臺灣的西方藝術巨匠鹽月桃甫先生有相當多的裝幀作品，在媽祖書房成立之前，他享有第一人的聲譽。…《生番傳說集》…很不尋常地使用木刻版畫，並以紅色和深棕色描繪了番人，作品的絲綢裝幀特別精美。

鹽月也因為《生番傳說集》裝幀的傑出表現，被池田敏雄稱讚是「臺灣裝幀藝術的始祖」。

　　1901 年，臺灣總督府為了有系統地調查剛納入版圖的臺灣民情風俗與慣習，成立了「臨時臺灣舊慣調查會」，由後藤新平出任會長。該調查會的核心成員──人類學家佐山融吉與大西吉壽，他們於 1910 年代來臺，投入近

16　《生番傳說集》

佐山融吉等著
鹽月桃甫裝幀設計
1923 年
松浦屋印刷部印刷
杉田重藏書店發行
19.3×13.7×4 公分
A 臺灣設計口收藏
B,C,D 國立臺灣圖書館收藏

池田敏雄
1916–1981

後藤新平
1857–1929

佐山融吉
生卒年不詳

大西吉壽
生卒年不詳

十年的時間觀察並紀錄臺灣原住民族群，尤其針對口傳故事進行調查、蒐集與整理，如泰雅族「糞生人」的神話故事等。他們的研究成果於 1923 年集結出版為《生蕃傳說集》。

　　《生蕃傳說集》全書大致可分為兩大類：「以族相從」與「以事相從」。第一大類「以族相從」，按照「族群」為分類，收納各族不同的敘事，包含〈第一創世神話〉：描述「9 族 1 神（哈莫神）」的創世故事；〈第二蕃社口碑〉：紀錄「9 族 52 蕃（群）1 事（里漏社的船）」的傳說；〈第八南洋類話〉：涵蓋「6 區（族）44 蕃（群）44 事」的相關敘事。

　　第二大類為「以事相從」，依據「事物」分類，收納不同族群間有關相同事物的敘事。包含〈第三創始原由〉：收錄「32 事」的創始故事；〈第四天然傳說〉：包括「3 小類（自然現象：19 事、有關植物者：13 事、有關動物者：67 事）99 事」等。

　　這本書的資料來源主要有三：其一是佐山融吉的田野調查報告：佐山自 1912 年至 1920 年間，深入踏查各原住民族部落，完成了八卷《蕃族調查報告書》，全數收錄於《生蕃傳說集》中的〈傳說〉或〈傳說與童話〉章節裡的口傳敘事。其二為同類相關書籍與伊能嘉矩的採錄報告。其三則是引用西方人士的著作，例如書中收錄了蘇格蘭籍記者詹姆斯‧喬治‧斯科特於 1912 年為《世界各種族神話》（*The mythology of all races*）叢書第 1 冊執筆的第 7 章〈印度支那神話〉（Indo-Chinese mythology）。

　　《生蕃傳說集》一書的裝幀設計由鹽月桃甫負責，本書為圓背精裝本，並在書背燙金。精裝書籍因為成本較高，通常用於頁數較多、經常翻閱使用、需要長期保存且富有重要價值的圖書。《生番傳說集》的裝幀不僅精美，更具象徵意涵，鹽月桃甫在設計封面時別出心裁，以反映原住民文化的圖樣作為封面主視覺，反映日治時期殖

伊能嘉矩
1867–1925

詹姆斯‧喬治‧斯科特
James George Scott
1851–1935

民政府對此書與理蕃政策的重視。

此外，《生番傳說集》的封面上還採用了排灣族貴族與頭目專屬的百步蛇紋飾。對於排灣族而言，百步蛇是神聖不可侵犯的偉大象徵，平民不得使用。排灣族的木雕藝術尤為突出，經常以人頭像和百步蛇紋作為貴族身分象徵。《生番傳說集》封面下方的一排頭顱，則暗示了原住民重要的出草（獵首）風俗。

臺灣不同的原住民族群在出草目的上各有差異，排灣族和阿美族出草通常是為了復仇、炫耀英勇或自衛，而雅美族（達悟族）則似乎沒有出草的風俗。進行出草的族群，往往會在親族聚落內設立頭顱架，作為社會地位的象徵，一社一處，有的聚落甚至會設立多處頭顱架。

在日治時期，殖民政府面對臺灣原住民的地理環境和文化差異，推行了特殊的理蕃政策，其目的仍是確保殖產興業能順利推進。鹽月桃甫將出草風俗的圖騰作為封面設計，不僅反映了他對臺灣原住民文化的理解與對書中內容的詮釋，也呈現了圖案教育與理蕃政策相互作用的結果。

內頁文字直排的《生蕃傳說集》內附有 12 張橫式彩印插畫，皆為木刻版畫，每幅插畫右下角均有鹽月桃甫「T.S.」簽名。這些插畫呈現類野獸派風格，以強烈的視覺效果呼應書中功能性的文化調查報告，猶如軟硬互補、相輔相成。例如，以木刻彩印的〈太陽征伐〉極富儀式表演感，讓讀者暫且脫離生硬的紀錄報告，得以沉浸在想像中。

此外，書中有 11 幅插畫均與內文內容呼應，如〈鹿的情婦〉和〈霧社的靈樹〉。鹽月桃甫的作品不僅在線條上帶有南畫筆墨效果的率意韻味外，在構圖上也可見西方野獸派的影子，中西藝術同時在他的作品裡碰撞交融，卻一點也不顯違和。

里見勝藏
1895–1981

佐伯祐三
1898–1928

烏拉曼克
M aurice de Vlaminck
1876–1958

勞爾・杜菲
Raoul Dufy
1877–1953

前田寬治
1896–1930

17　生泰雅族烏來
　　社的頭骨架

森丑之助攝

取自臨時臺灣舊慣調查會編，《臺灣蕃
族圖譜》，東京：矢吹高尚堂，1915 年，
卷 1，圖 4

18　《生蕃傳說集》

鹽月桃甫繪製內頁插圖
〈太陽征伐〉
1923 年
國立臺灣圖書館收藏

有關野獸派在日本的發展以及與歐洲藝壇的關係，重要的關鍵人物包括里見勝藏和佐伯祐三等人。1921年，里見勝藏赴法進行寫生，期間遇到法國最具顛覆性的畫家烏拉曼克，他的畫作以強烈的色彩和動態性著稱。野獸派創始成員之一的烏拉曼克對色彩表現性的探索，也帶動了其他野獸派成員在現代藝術發展。此外，還有另一位野獸派成員勞爾·杜菲，也影響了里見勝藏。杜菲早期作品先後受到印象派和立體派的影響，最終以野獸派的作品聞名。杜菲的作品運用簡單的線條和鮮明的色彩，誇張變形物體，追求裝飾效果。

在 1922 年間，里見勝藏將烏拉曼克介紹給佐伯祐三和前田寬治等人。1926 年里見勝藏與前田寬治、佐伯祐三等人組成「一九三〇協會」，並在 1927 年參與創立「獨立美術協會」(-1937)，在日本野獸主義的發展中扮演了相當重要的角色。鹽月桃甫在 1920 年代的作品，顯著反映出當時日本與歐洲藝壇碰撞後所產生的藝術思潮。

另一部《臺灣見聞記》，同樣由鹽月桃甫裝幀設計。

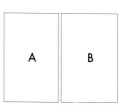

這本書是日本左翼作家中西伊之助於 1937 年 5 月至 10 月間到臺灣旅遊的記錄，內容涵蓋紀行、評論、感想、短歌和史傳等五大類，堪稱臺灣旅遊紀行文學的代表作。書中主要紀錄了他從臺北出發環島旅行，一路探訪新竹、臺中、日月潭、彰化、阿里山、臺南、高雄、臺東、花蓮等地的見聞與經驗。

　　然而 1937 年也是臺灣被捲進日本對外戰爭的一年，從這一年的 8 月以後，臺灣總督府開始加強推行臺灣的皇民化政策。中日戰爭全面開戰前後，臺灣報紙雜誌的漢文欄幾乎完全被廢止，導致漢文作家失去了發表空間，這段期間在臺灣新文學史上被稱為「空白期」，直到 1940 年西川滿《文藝臺灣》創刊，才結束此一空白期。中西伊之助在訪臺期間撰寫的《臺灣見聞記》，使後人得以見到還未捲入戰爭之前臺灣的各種面貌。這本書由東京實踐社於 1937 年出版，「實踐社」正是由中西伊之助在自主實踐的理念下所創立的出版單位，這本書後來也在 1942 年由三省堂在臺灣重新再版。

　　《臺灣見聞記》由鹽月桃甫裝幀設計，題字出自蒲田丈夫，裝訂材質為布面精裝，並配有西式書盒。根據

19　《生蕃傳說集》

鹽月桃甫繪製內頁插圖
A〈鹿的情婦〉
B〈霧社的靈數〉
1923 年
葉仲霖收藏

作者攝影

中西伊之助
1887–1958

蒲田丈夫
1893–?

20 《臺灣見聞記》
書盒(左)與書籍(右)

A 書盒 (左) 與書籍(右)
B 書盒正面
中西伊之助著
鹽月桃甫裝幀設計
1937 年
葉仲霖收藏

作者攝影

1927 年《臺灣日日新報》專欄「畫室巡禮」的採訪報導，蒲田的本業是大阪朝日新聞臺北支局長，也是「新聞界珍貴的業餘畫家之一，去年春天開始接受鹽月桃甫的指導，在黑壺會揚眉吐氣」。根據西野嘉章的看法，日本的文藝出版品究竟是從何時開始使用西式書盒還未有定論，但從 1901 年博文館刊行的「露伴叢書」，書盒就已經出現。當時首開先河的出版機構，可能就是博文館或春陽堂，兩者都是當時出版界的龍頭。

《臺灣見聞記》的書盒正面以大紅色為背景，配上一幅充滿野獸派風格的圖繪。書名、作者名以及星星、月亮、太陽等圖案元素，則以帶有東方情調的墨筆線條勾勒，形成極大的視覺反差。這些黑色線條勾勒的星星、月亮和太陽，襯托著柔和的米白底色，完美的調和了異質文化元素並置時所造成的違和感，不對齊邊線的留白，如同發散著光芒般的效果，修飾了粗率的勾勒線條。

書盒背面的設計與正面完全不同，背景完全不著色，僅以粗獷的墨線勾畫出一位單膝跪地、拉弓射箭的原住民形象。這一圖像應該描繪了臺灣原住民神話裡重要的射日傳說，其簡潔卻強而有力的人物描繪，展現了臺灣原住民蓬勃的生命力。在布面精裝的書本封面上，設計風格與書盒背面的水墨線條射日者截然不同，運用了淡雅的色彩和靈動的線條。鹽月巧妙地運用鮮明的對比色

21 《臺灣見聞記》
布面精裝書封

中西伊之助著
鹽月桃甫裝幀設計
臺灣設計口收藏

作者攝影

蒲田丈夫
1893–?

和靈巧的圖像佈局，透過多元的視覺設計技巧，充分呼
應了中西伊之助臺灣之旅的豐富面貌。

　　此外，書中扉頁上描繪了一頭以簡約毛筆線條勾勒
出的印度牛，牛背上還有五隻鳥，看起來非常特別。 鹽
月桃甫開始創作印度牛題材的契機，來自他在 1930 年代
初為描繪臺灣風景而前往恆春旅行。當時，他看到了印
度牛，深受啟發，這種動物也成為他日後創作中喜愛的
繪畫題材之一。恆春地區在日治時期發展畜牧業，致力
於牛羊品種的改良，1909 年 4 月，恆春種畜場升格改制
為總督府民政部殖產局附屬種畜場，由長嶺林三郎任該
場主任。在長嶺任內，他建請總督府從日本購買育種用
牛與綿羊，以及自印度引進辛地牛（Sindhi cattle）及康古
拉牛（Kankrej cattle），藉此改良臺灣的牛畜品種，正因
這些歷史因素，鹽月桃甫才得以在恆春遇見印度牛，進
而啟發創作。從藝術社會學的角度來看，鹽月桃甫的作
品雖然是出自個人創作，但卻受到當時社會思潮、國家
政策與個人際遇的影響。這種種交織，使他的藝術與社
會有著密切的互動關係。

　　《翔風》是高校的藝文刊物，裝幀採用 1930 年代因
印刷技術迅速發展而流行的平裝本，且價格較容易為大
眾所接受，在封面設計上也展現出多元且具現代感的風

長嶺林三郎
1875–1915

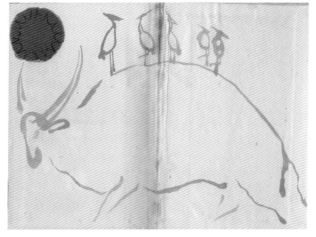

A	B

22 《臺灣見聞記》

中西伊之助著
鹽月桃甫裝幀設計

A 書盒背面
葉仲霖收藏
作者攝影

B 扉頁畫
臺灣設計□收藏

格。相比之下，《生蕃傳說集》及《臺灣見聞記》則因應殖民政府在臺推行的理蕃政策，裝幀採用精裝本甚至附上精緻的書盒；封面、封底、扉頁和內頁插畫都與當時社會發展和殖民政策息息相關，這些都是鹽月在臺灣裝幀史與文化史上顯示出的特殊性。

除了鹽月桃甫，還有一位在臺灣裝幀史上不可忽視的人物，那就是西川滿。接下來我們將會深入西川滿的裝幀世界，感受到一位充滿熱情的出版狂人與他華麗的裝幀時代。

6

臺灣愛書會

　　從今年秋天到明年春天，我會不間斷地開版印刷一些風格獨特的書籍，期望能將這些韻味各異的裝幀呈現在讀者面前。本輯原先預計於 8 月 1 號出刊，因連日盛夏所累，發刊延後二十日，直至現在才得以為諸兄奉上此刊。對於本刊這般尚未屬季刊誌的刊物來說，繼前刊號的隨筆特輯後，本輯又採特輯號，或有批評是否太小看書物編輯了；但本輯卻更加大膽地在書籍藝術探討的層面上，叨煩日本及臺灣各界的專家後，本輯始能以全裝幀內容呈現。

——《愛書》第 4 輯「裝幀特輯號」編輯後記

在臺灣裝幀史上不能不提西川滿。西川滿在日治時期的臺灣文壇是一位相當活躍的作家，他的著作非常豐富而且多元，創作包括童話、詩集、小説、民話等。特別的是，西川滿不但是一位文學家，也是一位展現浪漫唯美裝幀風格的出版家。

1910 年，2 歲的西川滿隨雙親搭乘「信濃丸」來到臺灣，一家投奔在基隆經營「秋山炭礦」的叔祖秋山義一。由於秋山家與西川家交情深厚，而西川家無後，祖父秋山清八便將三子秋山純過繼到西川家改姓西川，也就是西川滿的父親。西川滿一家直到 1914 年 4 月才遷居臺北大稻埕附近，父輩西川純在臺灣的經歷相當豐富，除了擔任自營的「昭和炭礦」的社長外，還曾兩度擔任臺北市議員，因此，西川滿的成長生活環境可以説是相當優渥。

1920 年，西川滿十三歲，他從臺北第四高等尋常小學[*1]畢業後，順利進入了臺北一中就讀，就讀期間曾受教於野獸派畫家鹽月桃甫。西川滿和鹽月桃甫的關係可説是相知相惜，亦師亦友。他們的好交情直到西川後來進入「臺灣日日新報」藝文版工作，鹽月也願意無條件的支援他繪製插畫。

在臺北一中就讀期間，西川滿認識了臺北商工學校的宮田彌太朗。宮田彌太朗出生於東京，1907 年與雙親共同渡臺，和西川滿一樣都屬「外地二世」，少年時代就對書畫、詩、小説產生興趣，15、16 歲時便立志成為日本畫家。宮田彌太朗於 1927 至 1929 年期間也在東京學習繪畫，從他的師承與繪畫的風格來看，也完全吻合日本內地當時流行的藝術風潮。

在就讀臺北一中二年級時，西川滿使用「西條正男」為筆名開始撰寫小説，這個筆名不僅向他當時非常仰慕

秋山義一
生卒年不詳

秋山清八
1848–1915

宮田彌太朗
1906–1968

---

* 1　臺北第四高等尋常小學其為樺山尋常小學校前身，1945 年國民黨統治臺灣後，校區被變更成為臺灣行政長官公署所在，即現今的行政院。

1 《櫻草》
第1期封面與扉頁

宮田彌太朗繪製
1924 年 5 月
國立臺灣圖書館收藏

西條八十
1892–1970

加藤正男
1897–1977

張深切
1904–1965

日高紅椿
1904–1986

中山侑
1909–1959

的詩人西條八十及加藤正男致敬，也反映出年少時的西川滿對這些詩人創作的抒情與浪漫風情作品的喜好與嚮往。1924 年 5 月，當時在臺北一中就讀五年級的西川滿與就讀於臺北商校的好友宮田彌太朗（當時使用的筆名是宮田矢太郎）、張深切、日高紅椿等友人陸續創辦同人雜誌《櫻草》等。所謂同人刊物是由一群志同道合的人共同創作並出版的刊物，旨在促進同好之間的交流，並非以商業利益為目的，所以發行量通常較少，甚至不會在市面上販售，僅在同人之間流傳。1926 年在「北臺灣詩人聯盟」的組織下，發行了詩誌《扒龍船》，其中同人包括西川滿與「灣生」作家中山侑等。此外，西川滿還在同年參加日高紅椿所主持的童謠雜誌《鈴蘭》（すずらん），其在 1920 年代於臺灣文壇活躍程度可見一斑。

　　「櫻草」是以西川滿為中心的詩社，並以同名出版雙月刊《櫻草》。雖然該雜誌所收錄的詩作出自西川滿的青澀少年階段，但講究整體美感的文風在此時已然展露無遺。《櫻草》由宮田彌太朗負責謄寫及刻鋼板印刷，這是當時雜誌及教科書普遍採用的印刷方式；其書體相當秀麗，每期皆附有宮田的圖畫作品。這種每一期配有多頁插畫的藝文雜誌，在當時的臺灣文藝界亦為創舉。《櫻草》出刊的前三期主要在親朋之間流傳，自第 4 期開始，才

嘗試在書店寄售，如新高堂書店[*2]等。這本刊物最高紀錄是油印約 150 部，銷路相當不錯，從國立臺灣圖書館的收藏中，我們可以知道其裝幀形式為線裝。

　　1925 年 3 月，西川滿自臺北一中畢業。兩年後，當他首次前往東京參加以文科見長的早稻田第二高等學院的考試，失利落榜後，便浪蕩於神保町、池袋的藝文聚會場所，因而認識了童書畫家武井武雄。幾經波折，西川滿終於在 1928 年（一說 1927 年）4 月進入早稻田第二高等學院。於此同時，他的好友宮田彌太朗也前往東京川端畫學校洋畫部求學。

　　1930 年 4 月，西川滿考入早稻田大學（以下簡稱早大）法國文學系，師從吉江喬松、山內義雄、西條八十等。他的畢業論文研究對象是法國象徵派詩人韓波及其詩論，這也反映了西川滿一生追求浪漫主義的夢想；而當時他的指導教授正是他所仰慕的西條八十。西條八十是一位日本詩人、作詞家、法國語文學者，時常在當時相當重要的兒童文藝雜誌《赤鳥》（赤い鳥）發表許多童謠，與北原白秋並稱為大正時期代表性的童謠詩人。他的詩風受象徵主義的影響，詩作多見幻想、明快與華麗的風格。

　　除了西條八十外，吉江喬松對西川滿的終生影響亦不可忽視。吉江出生於長野縣，早大英文科畢業後，曾先後擔任早稻田中學英文教師及早大英文科講師。1916 年，第一次世界大戰期間，他前往砲聲隆隆的法國巴黎留學；1918 年，因為戰爭的原因轉往南法普羅旺斯等地。吉江在 1920 年歸國後，發表了大量法國文學相關論文，並在日本文學界強調普羅旺斯文學的「南方之美」，即「地方主義（régionalisme）」文學。西川滿從早大畢業後，雖

吉江喬松
1880–1940

山內義雄
1894–1973

韓波
Jean Nicolas Arthur
Rimbaud
1854–1891

北原白秋
1885–1942

[*2] 新高堂書店位置約在今日臺北衡陽路與重慶南路交叉口處。

然有機會繼續留在東京工作，但在吉江博士的鼓勵下，
他決定回臺灣發展，並且立志成為地方主義文學運動的
領袖。

　　前文提到，1893 年，伴隨著黑田清輝歸國與他在東
京美校等地的影響力，巴黎逐漸成為日本藝壇公認的藝
術聖地。儘管黑田清輝及東京美校的許多師生在近代日
本藝壇扮演了重要的角色，但根據學者神林恆道所言，
「某種意義上，早稻田大學才是日本美學、藝術學研究
的濫觴。」自 1926 年起，日本詩人、書法家及美術史學
者會津八一在早稻田大學開設美術史課程，該課程吸引
了早大的正規生、東京帝國大學、慶應大學和東京美校
的學生來聽課。

　　西川滿在東京求學時，浸潤於歐日文化交會互動的
環境中，加上擁有法國文學專業的養成背景，對他吸收
當代歐洲藝文思潮與創作具有極大的助益。

　　1933 年 4 月，西川滿返臺後進入《臺灣日日新報》
就職，在社長河村徹的引介下，他參與了《愛書》的編輯
工作，開啟了他與臺北帝國大學（今國立臺灣大學）教授
植松安及臺灣總督府圖書館長山中樵等人緊密合作的關
係。《愛書》是由臺北帝大教授、總督府圖書館職員以及
河村徹等臺灣文教界高層所組成的「臺灣愛書會」的機關
雜誌，於西川滿返臺當年 6 月 16 日出版創刊號。雜誌最
初定位為「書誌學」的專門刊物，充滿科學性質。然而，
自西川滿加入並從第二輯開始擔任編輯後，雜誌的性質
逐漸向他所喜愛的裝飾性特色傾斜，這一風格的顯著改
變也導致原編輯之一的臺北帝大圖書館司書裏川大無請
辭求去。西川滿對書籍裝幀的執著與對美的熱愛，使他
能迅速與臺北帝大文政學部教授建立起緊密的人脈關
係，相對的，也可能會因理念不同而時有聚散。

　　「臺灣愛書會」會員共有 115 名，幾乎全都是居住在

神林恆道
1938–

會津八一
1881–1956

河村徹
1884–?

植松安
1885–1945

山中樵
1882–1947

裏川大無
190?–194?

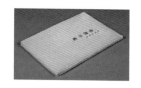

		4
2	3	

2 臺灣愛書會的裝幀
美術展

取自〈臺灣日日新報〉1936 年 1 月 16 日，
版 6

3 《臺灣甘蔗害蟲編
附（益蟲編）》封面

松村松年
1910 年
臺北：臺灣總督府殖產局
私人收藏

4 《臺灣的蛇》書影

堀川安市
1941 年
臺北：總督府文教局社會課
國立臺灣歷史博物館收藏

久保得二
1875–1934

昭和時期
1926–1989

立石鐵臣
1905–1980

臺灣的日本人，只有 5 名臺灣人。會員中更是不乏藏書
大家，例如臺北帝大文學部東洋文學講座教授久保得二，
他的豐厚藏書在去世後由臺北帝國大學收購，名為「久
保文庫」。1933 年 6 月，「臺灣愛書會」舉行首次集會，
根據〈會條〉可知，這個集會為了推廣普及愛書的興趣，
訂定了四項計畫，分別為舉辦演講會、展覽、會員集會
及發行會誌。

　　1932 年 1 月 11 日，臺灣總督府首次實施「全島讀書
週間」。到了 1937 年，改由《臺灣日日新報》主辦，總
督府協辦，並與書店合作，發行了一萬張「讀書獎勵券」。
1936 年 1 月 17 日至 19 日，「臺灣愛書會」在當年的「全
島讀書週間」舉辦了「裝幀美術展」，展出了從明治至昭
和初期的書籍。當時的裝幀展覽會主要著眼於書籍形式
上的藝術色彩，展出許多署名的特裝本和絕版書。展覽
中的裝幀表現包括運用簀衣、竹皮、麻袋、軟木等多樣
充滿手工趣味的材質。展出的書籍大多來自「臺灣愛書會」
同人及同好，如宮田彌太朗、立石鐵臣等人所提供或贊
助，為當時臺灣的讀書與收藏帶來一股新的氣象。

　　《愛書》雜誌的裝幀形式採用了 1930 年代非常普及
的平裝本形式。在當時的歐美出版市場中，輕巧便於攜

5 《愛書》創刊號

右　封面
國立臺灣歷史博物館提供

左　目次頁
作者攝影

1933 年 6 月
國立臺灣歷史博物館收藏

松村松年
1872–1960

堀川安市
1884–1981

阿部文夫
1894–1975

幣原坦
1870–1953

帶的平裝本逐漸取代昂貴的精裝本，並透過多樣化的封面設計、插圖與扉頁，為輕便的平裝本書籍也增添了豐富的裝飾性與藝術價值。

　　《愛書》創刊號與第 2 輯的封面相當素雅簡約，與日治時期殖民政府在臺灣出版的科學類雜誌或書籍風格頗為相似，如日本昆蟲學的開拓者暨臺灣昆蟲學研究的啟蒙者松村松年所著《臺灣甘蔗害蟲編附（益蟲編）》或自然史研究家堀川安市所著《臺灣的蛇》一類的封面。

　　在《愛書》創刊號中，河村徹發表了〈書物的趣味〉一文，探討印刷技術對日本、中國及朝鮮古書的影響，並分析了日本古典文學（如《源氏物語》）、現代文學（如夏目漱石的《我是貓》）等作品中蘊含的思想和感性。他強調這些作品即使在當代，依然能引起讀者的共鳴，並為我們帶來深刻的感動。此外，在文章的第三節，河村徹特別談及藏書印和藏書票的關係，突顯了書籍收藏的趣味性。

　　創刊號的末頁（第 208 頁）列出了臺灣愛書會的發起人，包括：農林專門學校（今國立中興大學）首任校長阿部文夫、臺北帝國大學首任校長幣原坦、英美文學與比

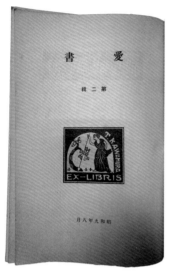

6 《愛書》第2輯

左　扉頁
右　番社采風圖「迎婦」
1934 年 8 月
國立臺灣歷史博物館收藏

作者攝影

7 《六十七兩采風圖》

傳 18 世紀
國立臺灣圖書館收藏

作者攝影

較文學學者島田謹二、臺北帝國大學文政部教授植松安、東京大學哲學系畢業且任《臺灣日日新報》編輯局局長(筆名鷗汀生)的大澤貞吉、臺北帝國大學文政學部文學科東洋學講座教授神田喜一郎、臺灣總督府圖書館第五任館長山中樵等等共 14 人。該頁同時刊載了「臺灣愛書會趣旨」及「臺灣愛書會章程」。從發起人的背景、會員的高學歷與研究的學術取向,可見該會具有明顯的菁英性格。在「臺灣愛書會趣旨」可見其特質:

島田謹二
1901–1993

神田喜一郎
1897–1984

　　書物對於智慧的涵養,如同穀物之於生命、茶飯之於日常生活,是息息相關的。今日,時代的發展日新月異,物質生活日益豐富,但精神層面的需求未必能隨之提升。在此情況下,崇尚智慧、愛書之風,應更加倡導和普及。

不僅如此，書籍的收藏與研究也應得到足夠的重視和推廣。正因為如此，愛書會的成立旨在匯聚對書籍有著共同愛好與興趣的人士，共同推動愛書文化的發展。

　　我們深信，在這個書籍愛好者共同努力下，必定能為臺灣的文化和知識界注入新的活力和發展動力。我們懇請大家不吝賜教，共同成就這一偉業。

　　在《愛書》第 2 輯中，不僅收錄了河村徹的藏書票作為扉頁設計，還刊印了山中樵的長篇論文〈六十七與兩采風圖〉，並印出《兩采風圖》其中一開〈迎婦〉的圖版——《六十七兩采風圖》至今仍是國立臺灣圖書館的重要典藏品之一。

　　西川滿身為《愛書》的主編兼發行人，在該會刊中發表了多篇具有影響力的文章，如〈日孝山房童筆〉、〈美麗的書〉（美しい本）、〈詩與裝幀〉（詩と裝幀）等 11 篇文章，他的喜好不僅深刻影響了《愛書》的裝幀風格，也對 1930 年代臺灣文壇的發展產生了重要的推動作用。

　　《愛書》於 1933 年至 1942 年間不定期出刊，共發行了 15 輯，且從第 3 輯開始單色封面開始轉變為彩色，並有多位名家操刀裝幀設計，如宮田彌太朗、西川滿、立石鐵臣等。其中，第 3 輯的封面和扉頁皆出自宮田彌太朗之手。值得一提的是，該扉頁所印製的圖案，是 1922 年宮田特別為西川滿創作的第一款專用藏書票「城門」。1942 年，西川滿在《文藝臺灣》雜誌上就曾寫道：

　　我最初的藏書票是從現在起二十年之前，宮田彌太朗先生給我用雕版兩色套版打印的「城門」，

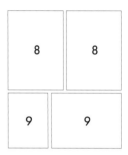

印數大概有五千枚，這款書票在總督府圖書館內臺灣愛書會發行的第三輯上面，用凸版印刷登載了。

1935 年，可以說是西川滿的「裝幀年」，西川滿除了在這一年的 4 月 8 日發行詩集《媽祖祭》外，又在 9 月編輯出版了《愛書》第 4 輯，作為「裝幀特輯號」。《媽祖祭》這本詩集不僅是西川滿正式踏入文壇的第一本著作，也是媽祖書房的首部出版品。可想而知，這本書在西川滿的文學生涯中具有舉足輕重的地位。

《愛書》第 4 輯的封面與插圖皆由宮田彌太朗設計，內容收錄了多篇與裝幀藝術相關的文章，如日本藝術家

8 《愛書》第3輯

左　封面
國立臺灣歷史博物館提供

右　扉頁「城門」
作者攝影

宮田彌太朗設計
1934 年 12 月
國立臺灣歷史博物館收藏

9 《愛書》第4輯封面

左　「裝幀特輯號」封面
國立臺灣歷史博物館提供

右　「裝幀特輯號」扉頁
作者攝影

宮田彌太朗設計
1935 年 9 月
國立臺灣歷史博物館收藏

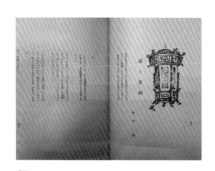

10 《愛書》第4輯
「裝幀特輯號」

A 西川滿〈詩與裝幀〉
B 川上澄生等人裝幀作品
C 谷中安規等人裝幀作品
1935 年 9 月
國立臺灣歷史博物館收藏

作者攝影

川西英
1894–1965

恩地孝四郎的〈近頃裝本談〉、川上澄生的〈裝幀雜感〉、宮田彌太朗的〈詩集媽祖祭茶話〉以及西川滿的〈詩與裝幀〉等文章。在這一特輯中，西川滿不僅安排刊登內地知名藝術家對於裝幀藝術的評論，也展示了他們的裝幀作品。除了恩地孝四郎外，還有版畫名家川上澄生、川西英與谷中安規等，都透過專欄發表了多件作品，對日後臺灣版畫及相關藝術的發展發揮了影響力[3]。

　　除了主編「臺灣愛書會」所屬的《愛書》刊物外，西川滿也透過由他發行的雜誌《媽祖》介紹了川上澄生等日本中央藝壇的名家作品。[4] 在當時資訊流通尚不發達的時代，這些作品在臺灣文藝界的亮相，對臺灣裝幀藝術的啟蒙與發展而言，可謂彌足珍貴。

　　川上澄生是日本創作版畫協會的會員，1895 年出生於橫濱，在日本與西洋文化共存的環境中成長。就讀青山學院時，他對西洋充滿憧憬，可說是在明治末期瀰漫

* 3　請參見本書第 4 章創作版畫部分。
* 4　有關西川滿與《媽祖祭》、《媽祖》等刊物之關係，將在第 7 章中做更多的說明。

的「南蠻趣味」氛圍中成長之人。在《愛書》第4輯中，他發表了〈裝幀雜感〉，分享了對裝幀藝術的見解。他寫道：

> 一本裝幀精美的書籍，會讓人即使在不知道內容的情形之下也想要擁有它。書對於我來說，就跟點心或者是玩具一樣。這麼比喻或許有些失禮會招來一頓責罵也說不定，不過我認為在「想得到」的這種情緒上，它們確實在各方面都極為相似。也許這樣的說法會對作者不敬，但我們有時候會因為裝幀的因素而想要買那本書不是嗎？我覺得大可不必那麼鑽牛角尖。

> 裝幀如果只算是內容的附屬品，那麼什麼裝幀應該都無所謂，但是我想要表達的是，裝幀也是人們想要買書的理由之一。雖然專門的學術性書籍不管裝幀如何都非買不可，然而任何種類的書籍，可以選擇的話當然是裝幀精美的會比較好。

川上認為，裝幀不應只是書籍的附屬品，更應該成為吸引人們想要購買書籍的理由之一。他還進一步指出，現代裝幀藝術的裝飾性積極展現了文明開化時代的社會性價值：

> 我既對東洋風格的裝幀傾心，也被西式風格的裝幀吸引。同時追求素雅與絢爛之美。自然的美令人欣喜，人工裝飾也別有一番韻味。既喜歡均衡的美，也愛好不均衡的美。

> 明治年間的精裝砂目石版裝幀是我的最愛之一，如果石版樣式的出現是以複製為目的，那麼砂目石版所創造出來的鉛筆畫的風格就十分符合

這個要求。書口的大理石紋路也相當令人喜愛。而當時的人是用什麼樣的角度來品評的呢？倘若我生在那個年代又是到了懂得欣賞藝術的年紀的話，又會怎麼樣看待那些東西呢？其實這些都不得而知，只是如今我又在其中新發現了美的意識。那本質還是文明開化的美，是嶄新的美，是一種透過日本人表現出來的西洋的美。對於我來說，那不見得是種懷舊之美。新潮社出版的近代情痴集，藉由小村雪岱的裝幀，更加綻放光芒。雖然已經是大正八年的出版品，但我認為它充分展現了明治時期的文明開化風格。

小村雪岱
1887–1940

川上接著回憶起日俄戰爭爆發時自己尚且年幼，無法理解當時的裝幀藝術。然而，隨著年歲漸長，他逐漸體會到藝術家們在裝幀設計中的用心，藉由形式與材質的實驗，創造出新穎且富有藝術性的獨特風格：

在我唸小學的時候正好爆發日俄戰爭，當時小小年紀還不太懂得欣賞那樣的東西。然而活躍於明治末期到大正時期之間的津田青楓、橋口五葉、富本憲吉、竹久夢二等人，他們的裝幀各有其新穎之美。在那之後，各種裝幀之美與樣式百花齊放，猶如進入裝幀界的戰國時代，既有所謂的豪華精裝版，也出現了限定發行的特殊版本，使用了玻璃、金屬、樹皮、竹皮，甚至蓑衣蟲睡袋和碎白點花紋布的織物為材料來裝訂書籍。

津田青楓
1880–1978

富本憲吉
1886–1963

而關於裝幀是否必須與內容相關，川上也有進一步的見解：

……（中略）其實我不太懂裝幀是不是應該和書中的內容有關。比如說永井龍男的繪本，書套上

畫著一間澡堂，澡堂有隻貓，而這種明治時期的兒童畫以及上頭的西洋文字，到底與繪本的內容有什麼關係？就這一點來看，那麼西川滿的《媽祖祭》的裝幀就十分和內容相襯。

最後他分享了為與田準一的童話書《猴子與螃蟹的工廠》設計封面的經驗，透過這段記述，我們能更理解前文他所提到的裝幀設計未必要與內容相關的理念，甚至發現裝幀可能超越原作內容，創造出更多新的意涵：

與田準一
1905–1997

> ……（中略）那如果要替別人的著作裝幀的話，我會怎麼做呢？最近我有幫版畫莊出版的與田準一的童謠和童話書裝幀並雕刻插圖。我首先閱讀原稿，然後再依內容忠實地刻出插圖。書裡面有一篇故事名為「猴子與螃蟹的工廠」，與田把它取作書名，我在書的外殼畫上「猴子」以及「螃蟹」的圖畫，其餘的部份則刻成文字。封面的上半部是一輛蒸氣火車正吐著煙行駛當中，而下半部則是一輛馬車朝著相反方向前進，書名擺在兩者之間。我始終覺得自己只能夠做到這樣的程度，也已經盡力了，結果呈現出來的就是文明開化時期的馬車和蒸氣火車，我想這應該也不至於完全和童謠、童話的世界扯不上邊吧！

從〈裝幀雜感〉一文中，我們不僅能窺見明治時期藝術家如橋口五葉、竹久夢二等人對後世裝幀設計的影響，也可以看到來自西方的豪華精裝版與限定版潮流如何啟發日本藝術家的裝幀設計創作。川上澄生在文中特別提及「書口的大理石紋路」，例如美國歷史學家威廉·普雷斯科特所著的《西班牙國王菲利普二世的治理史》

威廉·普雷斯科特
William Hickling Prescott
1796–1859

(*History of the reign of Philip the Second, king of Spain*)
便有一款大理石紋書口設計的版本。而這種紙上印染大
理石紋的技術，實際上曾歷經數個世紀的演變和跨文化
的交流。雖然許多人認為這種技術源自 15 世紀的波斯，
但其實可以追溯至更早的中國唐代流沙箋的染紙技術。
隨著絲綢之路的傳播，這項技術傳入土耳其，並發展
為「Ebru」[5]，成為中亞與土耳其獨特的水染藝術形式。
Ebru 因其迷人的漩渦狀與條紋狀圖案而受到喜愛，也逐
漸融入當地的文化傳統。

　　川上澄生在〈裝幀雜感〉一文也配有自己繪製的木刻
版畫插圖「各種型態的人物描寫」，人物造型充滿著典型
的「南蠻趣味」。而文章探討當時文藝界對裝幀藝術的不
同見解：封面設計究竟該與書籍內容緊密關聯，還是可
以不拘一格、天馬行空的自由創作？然而，從川上的文
字以及他對西川滿《媽祖祭》裝幀的讚賞，他其實更偏好
與內容相輔相成的設計。雖然他對其他風格持開放態度，
但他自己的設計理念仍注重裝幀要與書籍主題契合。

　　在《愛書》第 4 輯末頁，西川滿以整版廣告介紹他的

---

* 5　Ebru 的製作過程使用染料、水性液體和特製工具，在水面上創作圖案後，將之轉印至紙張或織品
上。其成品以漩渦狀和條紋狀的圖案著稱，因此被稱為「大理石紋」（paper marbling）。

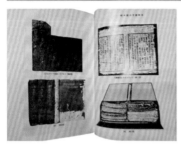

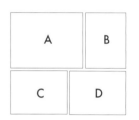

「媽祖書房」和相關出版品。廣告除了有宮田彌太朗刻印
的「劍獅」藏書票外，還寫道：

> 媽祖書房的存在，不僅是一介愛書者的喜悅，
> 更是全臺灣的驕傲，對於諸位給予媽祖書房如此
> 正面的肯定，現在我倍感責任重大且感激在心。

廣告中介紹了他的詩集《媽祖祭》、和《媽祖》雜誌，特
別突顯裝幀特色，如「和紙極美本」、「優美紺紙帙」，並
提到「全日本愛書家激賞的詩集」，展現出想透過裝幀吸
引讀者目光的強烈企圖心。

在推出第 4 輯「裝幀特輯號」後，西川滿接著在《愛書》
第 5 輯又推出「圖書保存特輯號」，其扉頁選用立石鐵臣
的木刻版畫，作品以紅色套印，風格俐落簡樸。該專輯
不僅收錄了〈圖書保存方法之研究〉、〈古籍保存管見〉、〈有
關古書保存〉、〈書物的敵人〉等學術文章，還刊出照片
記錄與展示許多有關「書物被害種種相」（書物受損的各

14 《愛書》第5輯

A 立石鐵臣設計
　「圖書保存特輯號」扉頁
B 書物被害的種種相：蠹魚
C 書物被害的種種相：人參蟲
D 書物被害的種種相：白蟻、
　鼠、日光
1936 年 1 月
國立臺灣歷史博物館收藏

作者攝影

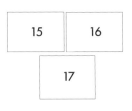

15 《愛書》第5輯封面
　　與封底

1936 年 1 月
國立臺灣歷史博物館收藏

16 《愛書》第9輯封面
　　與封底

1937 年 5 月
國立臺灣歷史博物館收藏

17 《愛書》第9輯
　　目次頁

1937 年 5 月
國立臺灣歷史博物館收藏

作者攝影

種樣貌），如蠹魚、人參蟲、白蟻、鼠害與日光對書籍的損害，讓讀者深感直觀衝擊。

　　就封面設計來說，《愛書》從第 3 輯起，每一輯的封面皆有圖案設計，且多以臺灣民俗或鄉土題材為主。如第 3 輯的封面為米黃色，中間用簡練的書法線條勾勒花籃，上置石榴，帶有中國博古圖的傳統韻味；第 4 輯的封面同樣以米黃色為底，並描繪了花窗及天官圖案。西川滿從 1920 年代以來就熱衷於將臺灣民俗意象融入詩作，而這些臺灣傳統信仰的素材在他和宮田彌太朗等人的作品中，都已從宗教象徵轉化為純粹的文化符號。

　　《愛書》較為特別的封面設計出現在第 5 輯以及第 9 輯，這兩本專輯的封面雖然仍以臺灣常見的雙龍、仙女與童子為題材，且封底分別採用六角窗與八角窗的圖案，但它們色彩鮮明、線條粗獷，與其它專輯的淡雅、樸實的風格截然不同，頗有野獸派藝術的氣息。此外，第 9

18 《愛書》第10輯
封面與封底

「臺灣特輯號」
1938 年
國立臺灣歷史博物館收藏

輯的目次頁在版面上設計了襯底的植物紋樣，編排設計
帶有 19 世紀末英國威廉・莫里斯「工藝美術運動」的代
表性裝飾風格，顯示此刊物在裝幀設計上不只具有臺灣
民俗色彩，也嘗試融合西方藝術的元素。

　　不同於其他期數內容多與書籍研究或保存有關，
1938 年發行的《愛書》第 10 輯為「臺灣特輯號」，書衣採
用傳統中國木刻單色版畫風格，封面為迎曦門和五指峰，
封底呈現臺灣知名景點指峯凌霄和學宮。這一期專輯內
文介紹了日本領臺前的臺灣相關史料，例如〈清領治下
的臺灣文藝〉、〈清代的古文書〉、〈關於牛津保存的臺
灣古文獻〉、〈渡臺西人肖像列傳〉等，還附有六頁的照
片，以及〈清法戰爭在淡水之役的報導〉及〈荷蘭的臺灣
關係古文書〉等介紹。此專輯由島田謹二、神田喜一郎、
尾崎秀真等人執筆，不僅呈現西川滿與臺北帝國大學之
間的深厚人脈，也具體可見臺灣知識系統與文藝界的交
涉與連結。值得一提的是，西川滿在此專輯中發表了一
幅臺灣鄉土繪圖，該件木刻版畫作品以質樸的線條，加
上豐富層次的套色，生動地表現了臺灣民俗的生命力。
而《愛書》從現代化而後關注民間信仰、習俗和藝術形式
的編輯方向，符合當時學術界對現代性及民間文化的重

尾崎秀真
1874–1949

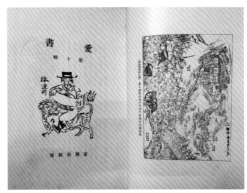

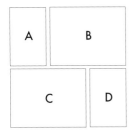

19 《愛書》第10輯
　　「臺灣特輯號」

A 臺灣訪書圖譜（其四）
　荷蘭牧師祐紐斯
　Robertus Junius 像
B 扉頁及清法戰爭報導
C 荷蘭的臺灣關係古文書等
D 西川滿〈臺灣鄉土繪圖〉
1938 年
國立臺灣歷史博物館收藏

作者攝影

視，也和當時日本中央「東洋學」思潮發展中，「東方學」
與「民間學」的交集不謀而合。

臺灣日日新報的學藝部長

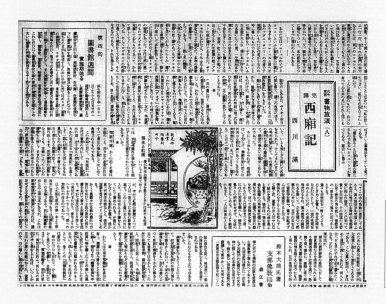

　　西川滿因為任職於臺灣日日新報社的關係，在社長
河村徹的引介下，不但參與了《愛書》的編輯，也開啟了
與臺北帝國大學教授等人的緊密合作關係，進而使《愛
書》的內容具備一定的專業水準。此外，西川滿擔任臺
灣日日新報社學藝部長（副刊主任），負責主持學藝欄副
刊，每週至少刊出一次「書物放浪」專輯，為臺灣書評開
創了專欄先聲。由於他與許多內地作家和知名版畫家，
如川上澄生、川西英與谷中安規有良好的交情與交流，
因此透過這個專欄發表了許多他們的版畫作品，進而影
響了日後臺灣版畫及相關藝術的發展。

2

2

【延伸閱讀】
· 林素幸，〈日治時期臺灣的書籍裝幀藝術——以西川滿為例〉，《藝術學研究》2020 年 12 月，
  第 27 期，頁 43–122

---

1 西川滿　〈古今東西　書物放浪（八）　完譯西廂記〉　取自《臺灣日日新報》
   1934 年 12 月 21 日

2 川上澄生繪插畫　新約列子　西川滿　隨筆書物放浪（六三）評五十澤二郎譯《新
   約列子》　取自《臺灣日日新報》1937 年 8 月 5 日，版 6

7

造書一輩子

……本文的部份採用明治時期抄製的土佐仙花紙。我在臺灣時期完成的所有限量版都是用這種紙印刷，它長期沈睡於松浦屋的倉庫，當我打開佈滿塵埃的袋子，乍見其中的這種紙時，不由自主地睜大了眼睛。

── 視臺灣為「華麗島」的詩人、小說家、編輯、裝幀家
西川滿
〈わたくしの本〉，《季刊銀花》23 號，1975 年，頁 121

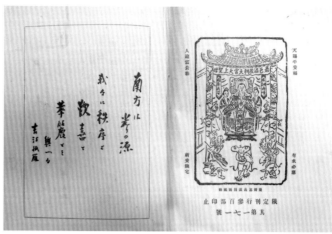

除了中學時期在臺北發行《櫻草》等雜誌以外，西川滿在東京讀書的時候，也非常積極從事文學創作與發表，作品還包括童謠〈黃昏的街道〉（日暮れの街，1928）和童話〈紡車〉（いとくりぐるま，1929）等。回臺一年多後的1934年9月，西川滿在臺北的自宅開設「媽祖書房」，開始製作限定本書籍。

「媽祖書房」的命名源於西川滿幼年時在臺灣目睹了媽祖祭的民間狂熱，那次經驗讓他此生對媽祖信仰的魅力深深著迷。此外，他也期望自宅的發行所能成為探究美的意義的道場，因而命名為「書房」。不過，「書房」在臺灣清代以來的語境裡，通常指的是「私塾」，也有不少人誤以為他是開書店的。為此，西川滿在四年後的3月將書房更名為「日孝山房」，這一名稱不僅想要強調私人出版的純粹性，還反映了他小時候對中國「二十四孝」的嚮往，以及受到日蓮聖人*1「此經即內典之孝經」的教訓影響。

西川滿將個人財產投入書房營運，作為私家出版活動的據點，致力於出版美麗的書籍，是日治時期的第一

A	B

1 《媽祖》第1冊

A 宮田彌太朗繪製封面
B 吉江喬松贈送給西川滿的臨別辭
臺北：媽祖書房
1934 年 10 月
國立臺灣圖書館收藏

---

* 1　日蓮聖人（1222–1282）乳名善日麿，日本佛教比丘，法華宗、日蓮宗、日蓮正宗皆以他為始祖。

人，也是最後一人。他曾表達自辦出版社的決心：

> 入《臺灣日日新報》社，決意一年三百六十五天，
> 除了報紙休刊日外，每天上班，不論假日與否，
> 堅持到離職為止。……因為不是考試進來的，所
> 以比別人少了五圓的月俸。但不久，我的成績趕
> 上別人，每年比別人多領一份特別獎金。因此我
> 把全部收入拿來做書，遂創設「媽祖書房」，刊行
> 雜誌《媽祖》。

媽祖書房成立一個月後，西川滿創辦了第一本由他
主導的限量本雜誌《媽祖》(1934 年 10 月至 1938 年 3 月，
共 16 期)，夫人西川澄子也是該雜誌的編輯兼發行人。
在《媽祖》創刊號的刊頭，收錄了恩師吉江喬松在西川滿
準備返臺之際相贈的臨別辭：

> 南方為光之源
> 給予我們秩序
> 歡喜
> 與華麗

前文曾提過，吉江在 1920 年回到日本後，大量發表法國
文學相關論文，特別強調普羅旺斯文學的「南方之美」，
基於日本和臺灣的地理位置以及中央文壇與邊陲的比較
概念，他在贈辭所提到的「南方」，應該就是指西川滿成
長之地臺灣。

在《愛書》第 5 輯「圖書保存號」的「編輯後記」中，
西川滿也曾提及宮田彌太朗所設計的封面，並以「南國」
來形容：

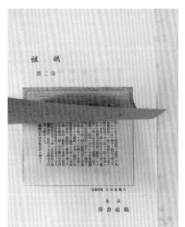

2 3 3

2　《媽祖》第4冊

宮田彌太朗繪製封面
臺北：媽祖書房
1934 年 10 月
國立臺灣圖書館收藏

3　《媽祖》第2冊

卷頭「財子壽金」與所附宗教
調查報告書
臺北：媽祖書房
1934 年 10 月
國立臺灣圖書館收藏

　　本輯在編排及其他方面和前期刊物相同，唯封面是由宮田彌太郎（朗）以其獨樹一格且符合南國華麗風格的方式操刀。在日後的刊物發表上，我也期望能持續推出新的面向。

　　從這點我們可以看到西川滿對吉江博士期待他「推動屬於臺灣的文學運動」的重視，以及這一立意對雜誌旨在突顯「地方主義」宗旨的影響。

　　西川滿連續出版 16 本《媽祖》雜誌及用心設計製作各期裝幀，這在日治時期的臺灣文藝界實屬不易：整本雜誌都使用和紙，封面和插圖採木版印刷，卷頭插畫則貼上拜拜實際在用的金紙，總共 16 本。1920 年代很多文藝雜誌，如短歌誌《水田與自動車》（1928 年 6 月）、《The Formosa》（1928 年 12 月）等，皆發行一期左右便宣告停刊，主要原因在於經費短缺及稿源不穩定等困境。相較之下《愛書》雜誌共發行 15 輯，臺北高校學生於 1926 年創刊的《翔風》也出版了 26 期。這些刊物能持續發行，多仰賴殖民地高等學府或總督府教育體系的支援；然而，

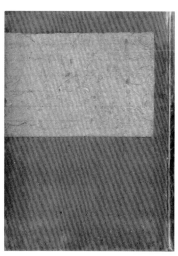

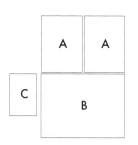

A	A
C	B

4　《媽祖祭》（春龍版）

A 書盒正面與背面
B 書封與封底
C 扉頁版畫
西川滿著　宮田彌太朗裝幀
臺北：媽祖書房
1935 年 4 月
A 黃震南收藏
BC 張良澤收藏

西川滿自費創辦的《媽祖》雜誌，無論在資源或背景上，都與這些具有官方色彩的刊物不可同日而語。

　　以《媽祖》第 4 冊為例，封面的龍柱圖案版畫由宮田彌太朗在臺灣的媽祖廟採集並刻印而成。更有趣的是，西川滿在不同期的《媽祖》卷頭浮貼上由西川澄子等人採集的金紙，並附上相關的宗教調查報告書，顯得「臺灣味」十足。

　　在東亞文化交流史上，不同地域之間的文本、人物或思想往往會出現「脈絡性的轉換」。將臺灣庶民用於祭

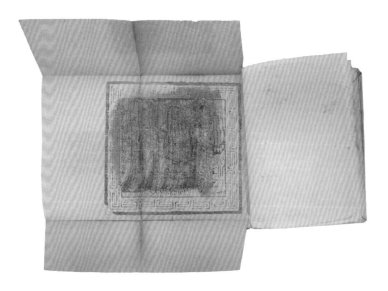

6

5

5 《媽祖祭》(春福版)
藏書票

1935 年
潘青林收藏

6 《媽祖祭》(春龍版)

卷首插畫「大太極金」
西川滿著　宮田彌太朗裝幀
1935 年 4 月
張良澤收藏

祀鬼神時焚燒的金紙等宗教文物,去脈絡化地用作書物裝飾,然後再受異地(日本文壇)的知識份子接受、理解與消化成書籍裝幀中的特殊材質,成為一種具有藝術性且跨文化的裝幀作品。

1935 年,西川滿發行了他的首部詩集《媽祖祭》,詩集內容圍繞臺灣的文化風物,如媽祖祭典、城隍爺祭典及基隆港中元祭典等,展現他對臺灣傳統文化的深厚興趣。這本詩集的裝幀由宮田彌太朗設計,共發行 330 部,包含 30 部「春福版」,300 部「春龍版」。「春福版」的「書衣」(包括封面及封底)採用麻布材質,「春龍版」則為紙質。封面設計亦融入臺灣廟宇門扉常見的「加冠」和「晉祿」門神圖像,凸顯濃厚的臺灣傳統文化特色。

兩版扉頁上都特別浮貼了宮田彌太朗所刻的「劍獅」藏書票。這枚藏書票取材自臺灣民俗中的啣劍獅像,具有辟邪制煞的象徵意涵,這是繼《愛書》藏書票「城門」之後,宮田為西川滿特別設計的第二張藏書票,以土佐仙花紙印成鈷藍及深褐色兩種版本。書中特別採用中國官方常用的「明體」印刷介紹媽祖生平,而 30 本麻布裝的「春福版」內特別附帶福字桃符,300 本紙裝的「春龍版」

A	A
B	B
C	C
D	D

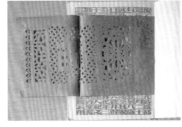
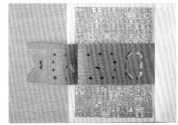

7 《媽祖祭》

左　春福版 拾號
右　春龍版 貳百肆拾捌號

A 書衣：麻布與紙質
B 扉頁黏貼藏書票
C 桃符：福字與鯉躍龍門
D 藏書編號

西川滿著　宮田彌太朗裝幀
1935 年 4 月
黃震南收藏

則藏有鯉躍龍門的桃符。不僅如此，西川滿還將金紙中尺寸最大的「大太極金」作為卷首插畫的裝飾材料。臺灣庶民生活或宗教信仰中看似再普通不過的日常物件，到了西川滿和宮田彌太朗兩人手中，瞬間都昇華為浪漫的藝術品。

1987 年，西川滿在其〈造書一輩子〉（本造り一代）一文中曾回憶寫道：

> 早稻田大學法文科畢業後，最初公開發行的詩集《媽祖祭》，也是在（臺北）松浦屋的倉庫中發現了極美的明治時代的土佐仙花紙而開始的。看了《媽祖祭》的造書先覺者壽岳文章先生，寫了一封誠懇的信跟我說「尤其看到本文的用紙之善，令我以及看了本書的柳宗悅氏都甚感佩服。能用這樣的紙——從支那來吧？——拿來造書，可謂一大幸福。」

有關此書的用紙，西川滿還曾寫道：

> 這本書的成功，除了上述充滿著異國風情的裝幀之外，本文的部份採用明治時期抄製的土佐仙花紙。我在臺灣時期完成的所有限量版都是用這種紙印刷，它長期沈睡於松浦屋的倉庫，當我打開佈滿塵埃的袋子，乍見其中的這種紙時，不由自主地睜大了眼睛。

在《媽祖祭》出版後大約半年，《愛書》第 4 輯（1935年 9 月）出版了「裝幀特輯號」，裡面收錄了西川滿、宮田彌太朗和恩地孝四郎等人的文章與詩作。在該特輯裡，

西川滿寫了一首〈詩與裝幀〉，詩的內容如下：

讚頌蓮花的高貴，白色山茶花的孤獨的裝幀。

讓人惟恐碰觸便足以毀之的秀麗書本。

啊！想出版這樣的書。

然而，另一方面也想作出七彩絢爛、吸引眾人目光，猶如扮相華麗典艷的牡丹的書籍。

時而傷感，時而嬌艷，只有能夠忠實呈現吾人心境的裝幀，才會世世代代讓我們對於已然消褪的回憶留下感動。

終究，如詩中所言，費盡思量完成的秀麗典艷的裝幀書終有一日將會孕育而出。憐恤脆弱的生命的同時，樂觀地邁向未來。傷感呀！傷感！

在機械複製盛行的時代裡，能夠以愛書之情精心製作出充滿愛的書籍，實在是少之又少。西川滿細膩地以不同花卉來比喻書籍裝幀的高貴，表達製作過程中的辛苦，甚至流露出既期待又害怕受傷害的複雜心情。從他的詩中，我們可以深刻感受到他用心地將每一本書的裝幀都視為富含生命、等待綻放的花朵。在〈詩集媽祖祭茶話〉一文中，宮田彌太朗則寫道：

在這個世界上執筆著述的文人雅士何其多，猶如天上的浮雲一般，可是真正會從頭到尾細心關注整個過程，直到作品付梓的人卻是少之又少。就這一點來看，西川君讓人深切地感受到他簡直就是愛書者的化身，愛書的程度已非筆墨足以形

容。譬如說，從頁面上的活字粗細、排列方式到
標點符號的標注，鉅細靡遺，不會放過任何細節。
他對於紙質的挑選和裝幀時的各個層面極為慎
重，屢屢繃緊微妙的神經，從沒有過例外。然而
要是這麼一位煞費苦心到這種程度的作者所完成
的詩集，若是因為裝幀沒有達到水準而受人詬病
的話，這也是因為敝人的關係所致。雖然他在媽
祖祭的計畫中所提出的美麗裝幀構想讓人折服讚
嘆，完美無缺是種美的極致，不過只有在手藝超
群的達人無意之處略微顯現缺陷，珍愛之情才會
油然而生。因為是我說服他以展現書籍實際本色
的方式去進行裝幀，所以我必須負一半的成敗責
任。慶幸的是，內地方面對於作品內容好評不斷
自不待言，而充滿異國風情這點，甚至連書本的
裝幀都獲得不錯的評價，這全都是西川君的功勞，
因為這是他下的睿智抉擇。

　　宮田彌太朗的文字充分展現了西川滿求好心切的情
感。從字體的編輯、紙張的選擇再到裝幀的執著，我們
可以清楚地看到西川滿如何將其美學與思想付諸實踐，
而宮田彌太朗則充當了他的左右手，協助執行西川滿期
望達成的理想。由此也可知道，他們兩人在書籍裝幀過
程中的分工相當明確。
　　詩集《媽祖祭》因為裝幀十分講究，在當時日本的裝
幀界獲得很大的肯定與迴響，吸引了民藝運動家及和紙
研究家壽岳文章和日本民藝運動發起者及美學家柳宗悅
的關注與讚賞。西川的老師吉江喬松也曾如此評價這部
著作：「在日本文學界從未見過，一本以非常豐富、潤
澤華麗的手法創構而成的作品。」這本書可以說為西川
滿與媽祖書房的品牌打響了成功的第一砲。

壽岳文章
1900–1992

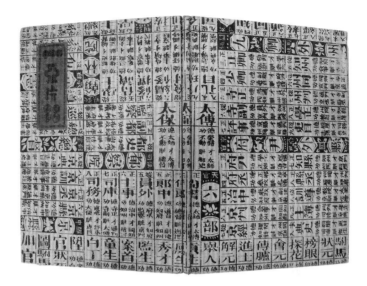

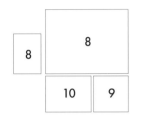

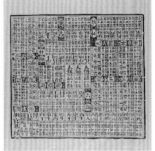

8　《亞片》

左　立石鐵臣設計扉頁
右　西川滿裝幀與立石鐵臣
題簽之書衣
臺北：媽祖書房
1937 年 7 月
張良澤收藏

9　陞官圖

19 世紀末至 20 世紀初期
55.4×55 公分
國立臺灣歷史博物館收藏

10　《亞片》

西川滿裝幀、宮田彌太朗紋
樣設計內頁
臺北：媽祖書房
1937 年 7 月
張良澤收藏

　　1937 年 7 月，媽祖書房發行了限定 100 部的《亞片》，
這是西川滿第二本以臺灣宗教為題的散文詩集，巧妙地
融合了各種文學形式，收錄了包括〈神虎〉、〈昇天〉、
〈小仙〉等 12 篇曾先後發表在《媽祖》雜誌上的詩作。此
書由西川滿親自裝幀，立石鐵臣負責題簽與扉頁的設計，
而宮田彌太朗擔任插畫裝飾的創作。有關此書的裝幀，
西川滿曾回憶説：

　　詩集《亞片》也靠著松浦屋的貢獻。那裡的工人
　利用午休時間，用骰子甩在印有圖案的紙上，拿
　小錢在賭博。仔細一看，那是描繪八仙及吉祥物
　的「雙六」棋紙，名叫「葫蘆運」。我想用它造書，

問了販賣處，找到店家，竟也找到沒有圖畫而寫著唐代官位的「加官晉祿」。買到這兩種紙，遂有《亞片》之產生。

用於《亞片》書衣的「陞官圖」在清代臺灣非常普遍，因為清代科舉取士，臺灣的仕子們莫不熱衷於仕途，為了熟悉官職的運作，便從鄰近的泉州、漳州等地引進這種寓教於樂的遊戲圖紙。在內文的設計方面，我們可以看到西川滿在編排上運用了大量的留白，兩側黃色雅緻的裝飾紋樣則由宮田彌太朗設計並刻印。而有關此書印刷時最耗費心神的，無疑是貼在封面上的銀紙題簽了。西川滿曾如此回憶：

題字的木版置於平版機器，以紅色及綠色兩次印刷，但是墨水怎麼樣都無法順利地附著上去。用手刷的話，又馬上掉色。領班師傅一直嚷嚷「那是辦不到的！」我連哄帶騙地讓他又試了其他方法，像是加入蛋白啦，嘗試溶膠，結果全都行不通。試過了種種手段，直到第三天，有個醫學院的學生朋友建議何不用三氯甲烷看看，說不定可以成功。於是我當真想試一下，可是工人的態度消極，又遭到師傅一頓罵。就在差不多已經要完全放棄的第五天，我突然靈機一動，加入油畫用的油，結果所有問題都迎刃而解。

千辛萬苦的結果，這本詩集在日本文壇獲得「詩業功勞賞」。以上種種都讓我們看到西川滿對於臺灣風土的興趣與關懷，以及他對書籍裝幀的熱愛與堅持。

什麼是「地方主義」？

　　什麼是「地方主義」呢？採用金紙作為裝幀材料、或創作與媽祖有關的主題作品就可以稱為「地方主義」嗎？當然不是。「地方主義」一詞是起源自法國的「régionalisme」，此詞最早出現在普羅旺斯文藝復興運動中。這一運動是法國歷史中南北問題的產物，也就是「南方」被統治民族（拉丁民族）向語言及文化都大相逕庭的「北方」統治民族（日耳曼民族的一支）發出的抵抗與自治要求；換言之就是「地方」（南）對「中央」（北）在語言或文化壓抑所提出的異議。

　　這場復興運動對日本藝文界產生的影響甚鉅，最初帶有強烈對抗中央文壇的色彩，但在西川滿的早稻田大學老師吉江喬松博士的倡導論述下，主張作為「地方」的臺灣應該要培育出獨特的南方外地文學。為了追求這一理想，西川滿一生的創作題材幾乎都與臺灣有關。他與妻子田中澄子、好友宮田彌太朗和立石鐵臣等人足跡遍及臺灣各地，蒐集各地的文學與美術素材，並且深入了解其意義，運用在裝幀設計上。

　　例如，在《媽祖》第 2 冊中，除了在各本浮貼蒐集來的「財子壽金」外，還附上宗教調查報告書，可見西川滿對臺灣獨特文化的重視。也因為醉心於浪漫主義，他慣用絢爛的辭藻和裝幀手法，以及異國情趣來描繪表現臺灣風物。在 1930 年代末，中日戰爭衝突達到高峰之際，西川滿在小說等創作上則以寫實主義技法改寫臺灣歷史。1939 年 1 月他發表的〈臺灣文藝界的展望〉一文中，甚至期許臺灣文藝界不要一味追逐東京文壇，應該要尋

求臺灣獨特的方法來發展。

松林桂月
1876-1963

郭雪湖
1908-2012

「地方主義」的議題，不僅限於當時臺灣的書籍裝幀藝術的相關背景，更是理解臺灣近代美術現代化的重要命題。早在 1928 年，第二回臺灣美術展覽會（簡稱「臺展」）舉行時，來臺擔任審查委員的日本畫家松林桂月就鼓勵發展富有「地方色彩」與熱帶臺灣特有的藝術，並對郭雪湖當年展出並得獎的作品〈圓山附近〉大加讚賞。然而，臺展是以官方機制來主張「地方色彩」，無可否認深受殖民政策的操作和帝國意識的影響，因此臺展與西川滿個人出發或主張的「地方主義」，在性質還是有所差異。

值得注意的是，並不是所有的畫家都贊成地方色彩。和西川滿關係很密切的師友鹽月桃甫與立石鐵臣，就存在著不同的主張。

【延伸閱讀】

· 吳佩珍主編，《中心到邊陲的重軌與分軌：日本帝國與臺灣文學‧文化研究 (中)》，臺北：國立臺灣大學出版中心，2012

· 邱雅芳，〈向南延伸的帝國軌跡──西川滿從〈龍脈記〉到《臺灣縱貫鐵道》的臺灣開拓史書寫〉，《臺灣學研究》7 期，2009 年 6 月，頁 77-96

· 邱雅芳，《帝國浮夢：日治時期日人作家的南方想像》，臺北：聯經出版事業公司，2017

· 謝世英，《日本殖民主義下的臺灣美術 1895-1945》，臺北：國立歷史博物館，2014

· 顏娟英，〈臺展時期東洋畫的地方色彩〉收錄於臺北市立美術館編，《臺灣東洋畫探源》，臺北：臺北市立美術館，2000，頁 7-18

· 顏娟英，〈臺展東洋畫地方色彩的回顧〉，收錄於顏娟英譯著，鶴田武良譯，《風景心境：臺灣近代美術文獻導讀 上冊》，臺北：雄獅圖書股份有限公司，2001，頁 486-501

8

美麗的書來自臺北

感謝惠賜新詩集「採蓮花歌」，非常感謝。這是老弟我今年收到的第一個紅包，且真是一本好到令人妒忌的好書。想必您也相當滿意這成果吧。「美麗的書來自臺北」這句格言，現在是越發不可動搖了，每每拿起您這回的新作，就能感受到其令人耳目一新之處。鐵臣大畫師的下筆也越發精巧，無論在線條或是色彩的配置上，都展現了其極致的才能。而封面真是太美了，特別是對喜歡手部畫作的老弟我來說，包括內頁封面在內，真是讓我深深著迷。

── 將法國超現實主義引介給日本文壇的詩人、翻譯家
堀口大學

西川滿《採蓮花歌》廣告單

童心主義與華麗裝幀的童話書本

1 2

1

1 《童話天堂》

上 竹久夢二裝幀與
　繪製之書封與封底
下 竹久夢二繪製扉頁
嚴谷小波 著
東京：三立社
1912 年
日本國立國會圖書館收藏

取自：NDL Digital Collection：https://
ndlsearch.ndl.go.jp/imagebank/theme/
yumejishikibijin

2 《吹笛人》

凱特·格林威繪製插畫
羅勃特·白朗寧 著
London: George and Sons
1888
大英圖書館收藏
(The British Library)

　　我們曾在第 4 章中提到，許多歐洲童話在明治時期
被引進日本文壇。而 1920 年代的大正時期則是「童心主
義」最為高漲的時代，當時出版界出版了許多令人耳目
一新的童話與繪本。除了引入的歐洲童話譯著外，一般
都認為日本兒童文學的萌芽期始於 1891 年嚴谷小波於
博文館刊行的《黃金丸》（こがね丸），這被視為日本最
早為少年讀者出版的讀物。嚴谷小波不但是日本近代兒
童文學的開拓者，更是明治時代確立少年文學的重要人

物之一。他對於日本少年雜誌或書籍的刊行，以及「口演童話」（類似現今的說故事活動）的發展，貢獻良多。1912 年出版的《童話天堂》（お伽パラダイス，竹久夢二插畫）就是其中的一例。

　　先前提過竹久夢二在日本大正浪漫時期是一位風格獨特的藝術家。他未曾接受過正規的學院派繪畫訓練，主要是透過當時傳入日本的西洋雜誌等物質文化自學而成，並受到表現主義和新藝術等不同歐美現代藝術風格之深刻影響。他為嚴谷小波設計裝幀的《童話天堂》為精裝本，並在書背上的書名燙金。傳統的漢式書籍在書背上通常不像西式書籍會有文字，而進一步在書背燙金的方式，究竟是從何時開始的？確切時間其實難以回答。不過根據西野嘉章的研究，1867 年由美國長老教會美華書院印刷、1872 年出版的《新鐫和英語林集成》，書背上的書名就已經採用燙金技術了。而文藝類書籍中，率先在書背印上文字的，應該是東京的博聞本社出版品，該社於 1883 年 10 月取得版權許可，出版《絕世奇談魯敏孫漂流記》，就是採用西式的圓背精裝，素色封面，書背以四號活字印上書名。

　　竹久夢二裝幀設計的《童話天堂》，裝幀除了採用精裝本的形式外，充滿詩意的封面與封底在構圖上明顯可見來自文學家羅勃特‧白朗寧所著的《吹笛人》（The pied piper of Hamelin）書中，由英國繪本畫家凱特‧格林威所繪插畫風格的啟發。此外，竹久夢二在《童話天堂》扉頁畫的動物造形，除了簡單靈動的線條外，風格上也融合了表現派和新藝術的特徵。

　　1908 年以後，嚴谷小波因擔任多本少年雜誌的主筆，開始前往日本各地城市進行童話的口演活動，宣傳童話文化。1915 年，他撰寫並出版了《桃太郎主義的教育》（桃太郎主義の教育），這是一本以桃太郎故事為起點的

羅勃特‧白朗寧
Robert Browning
1812–1889

凱特‧格林威
Kate Greenaway
1846–1901

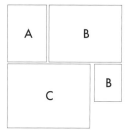

A	B
C	B

教育評論集，嚴谷小波對桃太郎故事有著高度評價，他藉由桃太郎積極、大膽且樂天的個性，批判日本社會壓抑兒童思考的消極的教育體制，提出「桃太郎主義」就是「積極主義」的觀點。

　　在日本內地藝術思潮和文藝發展的影響下，西川滿於東京求學期間就創作了童謠〈黃昏的街道〉和童話〈紡車〉等作品。1936年12月，西川滿在臺灣發表了童話《貓寺》，限量發行220部。這部作品是為了紀念長子西川潤誕生而作的，宮田彌太朗負責刻畫，西川滿親自設計

3　《貓寺》

A 宮田彌太朗版畫封面
B 版心朝外、版口朝左、
　釘口在右
C 宮田彌太朗版畫內頁插圖
西川滿 著
臺北：媽祖書房
1936 年 12 月
A 國立臺灣圖書館收藏
B、C 張良澤收藏

西川潤
1936－2018

裝幀，採用線裝書形式。

日本早期的圖書發展因為受到中國的影響，線裝書是最常見的裝幀形式。《貓寺》作為限定本，裝幀採用傳統線裝的「六眼裝釘法」（又稱「康熙綴」或「高貴綴」，請見本書第 1 章說明），版心朝外、版口朝左、釘口在右，這些都是沿襲中國古代線裝書版式設計的基本設計。但是，《貓寺》與傳統的單色線裝書並不完全相同，在封面和內頁都有創新的突破。尤其受到當時日本「新版畫運動」的影響，書中封面和插圖均採用宮田彌太朗刻印的版畫，增添了作品的獨特性和藝術價值。

不同於傳統線裝書將頁碼置於版心的中縫，《貓寺》在書頁下緣印有擊大鼓的貓和彈三弦琴的貓兩種圖案，頁碼則利用這兩種貓咪圖案交替累加的數量來表示，相當具有趣味性及創意。對於《貓寺》的裝幀設計與發想，西川滿自己曾寫道：

> 童話《貓寺》也是在松浦屋的鉛字架上，找到擊大鼓的貓和彈三弦琴的貓的圖案，才開始撰寫故事。頁碼用兩種貓的交互增加來表示。定價實售 80 錢，但次月的古書目錄上竟標價 8 圓。……這隻貓被版畫鬼才谷中安規看中，把它剪下來，原原本本使用於自己的版畫中。

《貓寺》的扉頁（日語稱為「扉」）印有一隻深具浮世繪美人畫風格的貓，封底繪畫[*1]也印有一隻看似懶洋洋卻極為可愛的小貓。和橋口五葉一樣，西川滿將書籍的裝幀視為一個完整的視覺作品，對每一個細節都極為講

---

* 1　有關封底繪畫（裏繪）一詞，是 1918 年室生犀星（1889–1962）所創。犀星因為裝飾書籍正封的繪畫名為「表繪」，而將裝飾封底的畫作或插圖稱作「裏繪」。

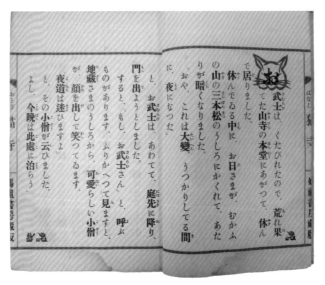

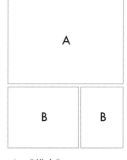

4 《貓寺》

A 大鼓的貓和彈三弦琴的
　貓頁碼設計
B 扉頁與封底版畫
西川滿 著
臺北：媽祖書房
1936 年 12 月
張良澤收藏

究不含糊。西川滿對書籍設計竭盡心力、絞盡腦汁的態
度，源自明治維新後歐美愛書文化與西式裝幀本的文化，
而他落實在裝幀的巧思奇想，可謂自成一家。

　　由此可見，和詩集《媽祖祭》一樣，西川滿的童話《貓
寺》在當時日本的「中央」（東京）藝壇也備受關注。1920
年代是日本盛行童心主義的時代，同時也是繪本的黃金
時代，西川滿和宮田彌太朗便是在這一時代的東京展開
學習之旅，深受浸潤與啟發。

　　前文曾提到，1927 年 3 月，西川滿準備重考早稻田
第二高等學院期間，在東京認識了活躍於童畫創作和書
籍裝幀設計領域的武井武雄。根據潘元石教授的訪談回

潘元石
1936–2022

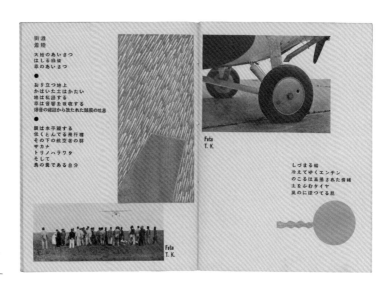

5 《飛行官能》內頁

恩地孝四郎
東京：版畫莊
1934 年
取自 NDL Digital Collection：https://
dl.ndl.go.jp/pid/1235694

憶，西川滿在書籍裝幀上深受武井武雄和恩地孝四郎的
影響，其中恩地在書籍設計與人性表達之間的關聯性觀
念，尤其啟發了西川滿。[2]

　　恩地孝四郎既是詩人、版畫家，同時也是日本抽象
畫的先驅，以推動「創作版畫」運動而廣為人知。他從事
書籍裝幀的工作始於 1911 年，至 1955 年辭世，一生致
力於裝幀設計長達 44 年之久。關於書籍裝幀的理念，他
在〈談最近的裝幀書〉一文中這麼認為：「書不可以只作
為單純的印刷品，它必須是從事這項工作的人的人格展
現」。就算裝幀者不是書籍內容文字的創作者，但透過
裝幀設計，反映裝幀者的巧思與創意特質，也成為書籍
的一部分。

　　如先前所提到的，1910 至 1913 年間，《白樺》雜誌
曾以大量篇幅介紹歐洲的版畫家的作品，並舉辦相關展
覽，這些展覽對當時在東京美校就讀的恩地孝四郎造成
不小的震撼。日後他以雜誌《月映》為創作舞臺，以自畫、
自刻、自印的方式創作版畫，動力來源便是這些珍貴的

---

* 2　筆者於 2018 年 1 月 5 日於臺南潘元石老師家所做訪問，在此特別感謝潘元石及潘青林兩位教授
大方且無私地分享。

6　《繪本桃太郎》
　　「三國一」本

A 宮田彌太朗版畫
　西川滿上色內頁插圖
B 康熙綴的線裝書形式
西川滿 著
臺北：日孝山房
1938 年
張良澤收藏

康丁斯基
Wassily Kandinsky
1866–1944

展覽經驗。恩地孝四郎晚期的作品受到俄羅斯美學理論家暨現代抽象藝術家康丁斯基很大的影響，如 1934 年出版的詩畫集《飛行官能》，這是他用詩、版畫與照片匯集成一本 30 頁的冊子，表達了他初次與北原白秋搭乘飛機時的感激與感動之情。

與恩地孝四郎和武井武雄的裝幀作品明顯帶有的西洋風格不同，西川滿很清楚，自己將走向一條截然不同的路，也就是要活用屬於臺灣的元素。另外，如前所述，西川滿的論文指導教授西條八十是大正時期具代表性的童謠詩人。受到這些背景的影響，西川滿在書籍裝幀與童話的創作上，也汲取了西條八十及武井武雄師友關係的養分。他於 1938 年所創作的《繪本桃太郎》，可以說，就是這個思潮下的新潮產物之一。

《繪本桃太郎》共印製了 75 本，其中有 10 本是西川滿在每一頁的單色版畫上親自手工上色，稱為「三國一」本。所謂的「三國一」，源自日本古代說法，指「中國、天竺、日本三國第一」，在此寓意桃太郎「天下第一」。此外，還有名為「黍糰子本」的版本，僅有部分手工上色，印了 65 本。「黍糰子」就是桃太郎用來招募夥伴、以及

他們在路上吃的食物。書中的 10 幅版畫皆由宮田彌太朗所刻畫，手工上色與裝幀則皆由西川滿親自完成。有關此書手工加彩的部分，西川滿曾回憶道：

> 至於手工上彩的工作當然是由本人負責。我想為了留傳後代，無論如何都要用岩繪具。可是臺灣並沒有賣這種顏料，不得已我只好硬著頭皮去拜託東洋畫家呂鐵州君分一些給我。這時我才知道它的價錢是用一兩一兩計算，貴得令人咋舌，但是用了之後，發現真的是物超所值。後來又陸續補貨了二次，雖然所費不貲，我依然沒有講價。

根據西川滿的回憶，《繪本桃太郎》「三國一」本的封面，特別選用一種請人從日本越前送來的摻有真金的特殊紙，名為「鳥子紙」；此外，從大阪空運來臺的白色卷繩，西川滿也特意將其染成黃色用來裝釘書籍。而包覆書帙的絹綢織物，日文名為「銘仙」，也是西川滿特別委託業者訂製，織布紋樣與質感巧妙地搭配了桃太郎故事的日式氛圍，相映成趣，可見他對裝幀材質呼應書籍內容的細節亦有講究與考量。有意思的是，運用在書帙的這塊布料，在日後也發生了一件有趣的小故事。由於「三國一」本僅特製 10 本，因此書帙的布料還有剩餘，後來，日本戰敗，西川滿舉家返鄉時，擔心孩子因長期生活在亞熱帶的臺灣，還不太能適應回到日本的第一個冬天，於是便用這塊裝幀剩餘的織物，為兒子西川潤製作了一件棉襖。這件棉襖日後也傳給了孫子西川潮。有一次，愛書家坂本一敏造訪西川滿家，恰巧看到西川潮身穿這件棉襖，不禁脫口驚呼：「啊！是桃太郎」。

《繪本桃太郎》裝幀採康熙綴線裝書形式，並配有「包

坂本一敏
生卒年不詳

A | B

C

7 《繪本桃太郎》
「三國一」本

A 《繪本桃太郎》包角
B 《繪本桃太郎》書帙
C 臺灣文學館臺北分館
　齊東詩社展場照片
西川滿 著
臺北：日孝山房
1938 年
張良澤收藏

角」與「函套（或稱書帙）」。「函套」為中國傳統圖書常用的包裝方式，用以保護軟面書籍和便於攜帶，同時也為書籍增加裝飾美感。而「包角」則是以布料或綾布包覆書角，避免書角受損。《繪本桃太郎》雖然採用傳統裝幀，但封面上的書名題簽卻不依照傳統常見貼於左上方，而是置於封面正中央，展現出現代感。題簽設計以紅紙黑字搭配淺色和紙，俐落大方，色彩設計極富美感。外層的書帙上，題簽以米白色宣紙印製，貼於暗色系函套上，尤為顯眼。從選紙、配色、插畫、字體到裝釘和用布，西川滿對藝術性的追求和態度一覽無遺。

　　在《繪本桃太郎》的廣告單上，西川滿特別強調了書籍的裝幀特色。相較於大家已經耳熟能詳的童話故事，

8 《繪本桃太郎》
廣告單

1938 年
臺北日孝山房發行
黃震南收藏

他有意突顯裝幀作為這本書籍的特別亮點，包括由知名
畫師親手製作的木版畫以及限量發行等訊息：

　　從前從前，在一個大晴天，爺爺上山去砍柴，
奶奶到河邊洗衣服時，一顆大桃子就從河上漂阿
漂地漂過來。

　　本書的裝幀是由以「日本第一的桃太郎」故事而
廣為人知的宮田彌太郎（朗）畫師操刀的大型手印
彩色全木版畫，是相當珍貴的限量書，預計明年
春天上市。

　　限量七十五冊・媽祖書房藏版

　　在廣告文案中以裝幀手法為賣點推銷書籍，即使在
現今出版界也是很常見的手法。西川滿可說是走在時代
尖端的行銷高手，除了宣傳限量的本數之外，還進一步
設計了「限量發行書之會」，塑造出「限定中的限定」，提
供專屬的讀者服務：

為了保有自費發行書藉的純粹性，自元旦起我將組織一個「限量發行書之會」。

　　隨著限量發行書之會的成立，我會先從印製僅有 17 冊或 22 冊的不對外流通的稀少書藉開始，著手開版印刷此類只對會員公開的己身收藏之珍品書冊。

　　成為會員後，將會贈與每一期的「媽祖便」、「特報」等書冊，入會不需繳交會費，也不強迫需購買我發行的書冊；唯期各位在發現自己喜歡的限量書冊發行之際，能預約購買並匯款其費用。

　　有意成為會員的朋友，煩請在明信片上註明大名及住所，進行會員申請。另，已是「媽祖」書房的會員都已登錄為「限量發行書之會」的會員，無需重複申請。

　　初回刊行本為「桃太郎」，共七十五冊中只有四十冊會公開給會員，有意之士請以附上的明信片申請，待印製完成後會連同書冊價金一併和您報告。

　　西川滿對「限定本」的創作可以說是獨有情鍾，他在〈我的書〉[*3] 一文中，曾提及英國藝術與工藝美術運動的領導人之一威廉·莫里斯對他在創作上的影響：

　　跟「桃太郎」（即《繪本桃太郎》）同年同月同日上市的還有矢野峰人博士的《四行詩集》，它是翻譯自波斯奧瑪開儼的《魯拜集》。矢野博士是個無

矢野峰人
1893–1988

奧瑪開儼
Omar Khayyám
1048–1131

＊3　感謝黃震南先生除了提供筆者相關資料外，還相贈收藏，在此特別致上謝意。

9 《傘仙人》

左　書帙
右　書封
1938 年
臺北：日孝山房發行
張良澤收藏

人可比的愛書家，當住在同一個城市的我前去探訪他時，他毫不吝嗇地讓我欣賞了許多珍藏，像威廉・莫里斯的柯姆史考特出版社的出版品，以及多本英國發行的限量本，看完我大受刺激，回家之後輾轉難眠。若說就是因為遇到矢野博士，才讓我下定決心以做書作為一生志業也不為過。

　　我們可以看到西川滿雖然身處「邊陲之地」的臺灣，但對童話、書籍裝幀在設計創造性上的要求，都與明治以來日本「中央」藝壇的文藝思潮關係密切，即使身在殖民地，西川滿也致力製作出放眼東京文藝圈毫不遜色的裝幀作品。

　　除了《繪本桃太郎》外，1938 年西川滿還出版了另一本童話《傘仙人》。《傘仙人》一共印有 222 部，其中又分為「朱傘印本」22 部和「黃傘印本」200 部，該書的裝幀亦為「堅角四目式線裝書」，有包角。有關此書的創作過程，西川滿曾記錄下相關回憶：

我在總督府圖書館的陰暗二樓的書庫中翻閱漢
籍時，看到《昭安縣志》的卷首有十二景名勝圖，
其中有一幅是拿著雨傘的人，讓我發生興趣。就
把十二圖重排次序，而編造了故事，是為童話《傘
仙人》。用祖母的遺物衣服做了書帙。

此書的裝幀在今天看來不但是資源再利用，更是具有紀
念價值。恩地孝四郎曾說：

　　那什麼才是美書呢？它絕對不是指外在裝飾得
美美的，或者是使用了某些珍貴材質做成的書，
必須是流露著愛的書才稱得上美書。

　　我們看到了愛書的西川滿，絞盡腦汁使用隨手可得
又不浪費的素材來為愛書做衣裳，同時還帶來了新的驚
奇與創新。
　　西川滿的書籍裝幀設計如《貓寺》、《傘仙人》等，
往往是在接觸到特定材料後激發靈感而展開創作。此外，
他也利用一些身邊閒置的材料（如祖母的遺物），製作出
「限定版中的限定本」，賦予了每本書獨特而深刻的情感
價值。

創作版畫

　　前文提到，《貓寺》和《繪本桃太郎》等書籍內的插
畫都是宮田彌太朗所刻的版畫，西川滿以手繪方式上彩。
有關「創作版畫」在日治時期臺灣的推廣與發展，其靈魂
人物非西川滿莫屬。
　　臺灣的「創作版畫會」是西川滿於 1935 年 6 月 1 日

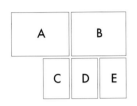

10 《媽祖》第5冊

A 宮田彌太朗繪「版畫號」封面
〈花娘〉、封底〈水煙館〉
B 宮田彌太朗繪頁26至27
跨頁單張版畫（一枚刷）〈小姐〉
C 宮田彌太朗繪內頁插畫
〈看牛囝仔〉
D 川上澄生繪內頁插畫
〈後姿與前姿〉
E 福井敬一繪內頁插畫〈裸婦〉
臺北：媽祖書房
1935年7月
真理大學臺灣文學資料館收藏

作者攝影

野村田鶴子
生卒年不詳

福井敬一
1911–2003

岸田劉生
1891–1929

梅原龍三郎
1888-1986

在臺北創立的，會員包括有立石鐵臣、宮田彌太朗、野村田鶴子等，他們不僅主張版畫家要「自畫、自刻、自印的獨自創作」，還依照總督府指示的方針創作具有鄉土風味的民俗版畫，並利用版畫作為封面，或作為插圖的限定本書籍。舉例來說，同年7月10日發行的《媽祖》第5冊「版畫號」，該書書衣（含封面和封底，在此西川滿稱封底為「裏表紙」）皆為宮田彌太朗的作品，其作品不論在構思構圖、人物刻畫或技法上都下了很大功夫，是思想性與藝術性結合的作品。該「版畫號」除了宮田以臺灣民俗為題創作的版畫作品外，還收有川上澄生、立石鐵臣、福井敬一等人的版畫，並搭配相關文字說明。

　　和宮田彌太朗一樣，立石鐵臣是西川滿早期書籍創作非常重要的合作夥伴。立石早年曾師從岸田劉生及梅原龍三郎學習油畫，且這兩位畫家都參與過插圖及裝幀工作，對立石鐵臣日後從事插畫事業產生了一定的影

響。1934 年，立石鐵臣第二次來臺期間，開始為《臺灣日日新報》學藝欄、《媽祖》、《愛書》等雜誌繪製插畫。當時西川滿會提供專程從日本寄來的櫻木和桂木版與刻刀，並要求立石鐵臣和宮田彌太朗必須在雜誌刊印前完成刻印。以書籍製作的整體流程來看，西川滿往往處於強勢的主導地位，而立石鐵臣則從配合的角度進行美術設計。然而，對於創作者而言，太強勢的編輯有時會讓人感到不受尊重，西川滿的忘年之交潘元石曾經在一次訪談中提到，立石鐵臣對於西川滿的某些做法非常不滿，例如經常派人到他家催稿，甚至在他的版畫作品上加彩手繪，這些行為在立石鐵臣看來形同破壞他的作品。不愉快的合作經歷，最終也成為兩人分道揚鑣的原因之一。

西川滿進入《臺灣日日新報》後，藉著與日本內地知名版畫家川上澄生與谷中安規等人的往來交流，將版畫的新資訊和新觀念引介到臺灣，對日後臺灣多位藝術家產生深遠影響，如楊英風、潘元石等人。此外，像《媽祖》第 5 冊的「版畫號」這類搭配相關文字或文學的「插畫本」，在 20 世紀初的歐洲、日本與臺灣藝文界已相當常見。

楊英風
1926–1997

西川滿的《貓寺》與《繪本桃太郎》，都是受到日本童心主義和創作版畫的影響而誕生在臺灣的經典創作。1941 年，他出版詩集《採蓮花歌》，在該書的宣傳廣告單中，日本知名的詩人和法國文學翻譯家堀口大學這麼寫道：

堀口大學
1892–1981

感謝惠賜新詩集「採蓮花歌」，非常感謝。這是老弟我今年收到的第一個紅包，且真是一本好到令人妒忌的好書。想必您也相當滿意這成果吧。「美麗的書來自臺北」這句格言，現在是越發不可動搖了，每每拿起您這回的新作，就能感受到其令人耳目一新之處。鐵臣大畫師的下筆也越發精巧，無論在線條或是色彩的配置上，都展現了其

佐藤春夫氏

尺牘

この間は「採蓮花歌」をお見せ下され形も内容も心憎い出来栄えで美しく存じました。愛はれると持ると同じ形の一冊を企てて紙のないのに困ってゐたところでした。國妹媛に關する二作は小生涼談文で書き度と思ってゐたところを讀詩で立派に成功されたものでこれ等の意味で心憎いと感じかけはじめ……

（後略）

堀口大學氏

新集「採蓮花歌」御恵贈下され有難うございます。これは老生が与へられた今春第一のお年玉でございました。それにしても心憎いばかりの豪華な御本が出来上りました。さて銅版是で御座いませう。「呉來は臺北からこの格言はいよいよ人勤かぬものとなりました。全く今度の御本はまことにとり合せに才藝の度目のさめる思ひが致しました。表紙伯の刀にふえて繧も色にその合せに才藝の根を行く。表紙の美しさはまことに才藝の技せてこれは無限の結惑です。ことに手の好きな生先生に比要套紙と佛せてこれこの美しい本の頁を花びらにふれる思ひでそっと橋って

花燈を消して。星を問ふ。女の顔のほの白く。
と緑を忍んで口ずさむ其時。しみじみ有難い詩の醍醐味です。

（後略）

山内義雄氏

「採蓮花歌」の豫告を「文藝臺灣」誌上で拜見、一本頂戴致したく考へてゐたところ〈御恵贈にあづかり欣喜且恐縮したことでした。集中、卷頭の「採蓮花歌」はじめ「小さい兒の歌」「不羈遊の歌」等りかへし非詞。火兄寫真の幻妖境に心を遊ばせて頂きました。それに今度の立石鐵臣氏の装畫と趣本技と・ともに完璧を以て稱すべきものの、机上、冬日さし暖かに、この一卷の在ることによつて隠し出される餘もりとぞ實に堪たのしきものと早く御禮申し上げます。

*西川滿編『採蓮花歌』一日章山房刊・限定七十五部の内會此太郎日昭致、土佐本箋郡供少。

11　《採蓮花歌》廣告單

翻譯家堀口大學在廣告單上稱譽「美麗的書來自臺北」
黃震南收藏

極致的才能。而封面真是太美了,特別是對喜歡手部畫作*4的老弟我來說,包括內頁封面在內,真是讓我深深著迷。以撥弄花瓣般的心情輕柔地翻著這樣一本精美的書,不由得低聲吟唱著「把燈籠熄了,靠著星光,女生那微白臉龐」之時,正是這難得的好詩所蘊含的真意。後略。

稱譽「美麗的書來自臺北」,可見西川滿的裝幀作品在當時日本與臺灣的藝文界極受到肯定。

*4　「手部畫作」指的是「專畫手部細節的畫作」,例如以手部特寫為主題的素描作品。

受歐美歡迎的日本新版畫運動

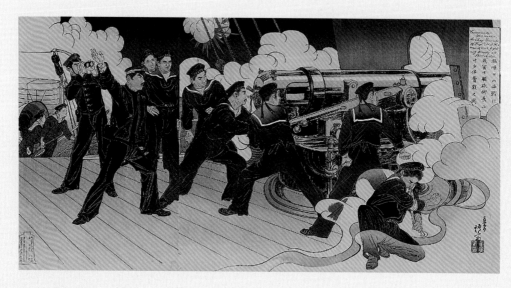

1853 年，美國海軍將領馬修‧培理率領「黑船」來到日本，為 1633 年以來鎖國兩百多年的日本開啟了新篇章。隨著港口開放及對外貿易的日益增加，日本社會、政治和文化面臨了前所未有的衝擊。

積極西化的明治政府在美術政策上，致力推行西式現代美術教育與開辦展覽，如設立工部美術學校、東京美術學校，舉辦帝國美術展覽會等，這一系列措施標誌著日本美術走向現代化。然而，隨著西洋美術思潮的傳入，傳統美術形式如南畫和浮世繪，也開始受到西洋繪畫擁護者的批評與挑戰。

1910 年代可以說是浮世繪發展的重要分水嶺，當時浮世繪界中最有勢力的歌川派，代表者如歌川廣重、歌川國芳，影響力已日益萎縮、不如以往。1904 年藝術家又田年英所繪的日俄戰爭三連屏〈富士艦砲術長山中少

1

馬修‧培理
Matthew Calbraith Perry
1794–1858

歌川廣重
1797–1858

歌川國芳
1798–1861

又田年英
1863–1925

佐在旅順口海戰奮戰之圖〉（旅順口の海戦に我富士艦砲術長山中少佐奮戦之図）被視為傳統浮世繪的告別之作。然而，隨著西方機械印刷技術的引入及出版業的興起，插畫、封面設計等在書籍、雜誌和報紙中逐漸受到重視，為傳統浮世繪畫家提供了新的發展空間，從而催生了新版畫運動。

新版畫運動的重要推手是東京畫家暨出版商渡邊庄三郎，20 世紀初期，他觀察到歐美的藝術觀眾對浮世繪充滿濃厚興趣，便以傳統浮世繪為基礎，融合當時傳入日本的西方繪畫技術（如印象派），並加入個人情感的表現，實現了浮世繪的藝術再創作與商業轉型。渡邊庄三郎的商業模式，很大程度受到日本藝術品經銷商林忠正的啟發。林忠正於 1878 年赴巴黎擔任翻譯，後來成為當地知名的日本藝術代理商，專門向西方客戶提供 18 與 19 世紀的浮世繪原作及高品質的複製品。渡邊於 1906 年創立公司，並邀請日本山水畫畫家高橋松亭在傳統的風格中加入西洋技法創作，這樣的作品在歐美市場大受歡迎。1909 年，渡邊在東京京橋區設立「渡邊木版美術畫舖」，致力保護傳統浮世繪技法的傳承，同時，他還透過出版傳統浮世繪經典畫冊，重新喚起日本人對浮世繪的興趣。

1915 年，渡邊首先提出「新版畫運動」這個名詞，這個運動的特點延續了浮世繪製作中的出版商角色，出版商同時擔任製作人、策劃人、贊助人和前瞻者的角色。為了打造出版社品牌，他邀請了在書籍裝幀與設計領域享有盛譽的傑出畫家橋口五葉加入團隊，隨後伊東深水和川瀨巴水等畫家也相繼加入。1930 年代，渡邊在美國舉辦了兩場展覽，首次向西方世界的觀眾引介了伊東深水和川瀨巴水的唯美浪漫風格的版畫作品，成功吸引了許多西方愛好者到訪日本。

渡邊庄三郎
1885–1962

林忠正
1853–1906

高橋松亭
1871–1945

伊東深水
1888–1972

川瀨巴水
1883–1957

橋口五葉在新版畫運動中，以美人畫著稱，最有名的作品莫過於〈穿著寬鬆浴衣的女人〉，這幅畫既捕捉了江戶時期浮世繪巨匠喜多川歌麿筆下女性的神祕風韻，也展現了精湛的西方繪畫技法，表現出人體的量感和立體感，而色彩與畫面留白巧妙的搭配，更帶來了一種新穎的視覺對比效果。

喜多川歌麿
1753–1806

伊東深水早期學習現代日本畫，後來被渡邊庄三郎發掘，從此全心投入新版畫運動，並與渡邊庄三郎長期合作，直到渡邊離世。相較於創作版畫的實驗性質，伊東深水更專注於表現性和非傳統式的構圖、質感和特質，彰顯日本人對於大自然和季節的敏銳感受。1952 年，日本政府認定他為無形文化遺產的保持者（人間國寶）。

新版畫運動結合了傳統浮世繪與西方印象派等技法，雖然在當時的日本市場反應平淡，但在渡邊積極拓展海外市場的推動下，大量新版畫作品被歐美博物館收藏，使這項藝術風格和形式在國際上得以發揚光大。並且，將傳統浮世繪融入西式技法與現代觀念中的創作方式，也透過西川滿與宮田彌太朗合作的書籍裝幀作品，在臺灣留下了印記。

【延伸閱讀】

· Uhlenbeck, Chris; Amy Reigle Newland, Maureen de Vries., *Waves of renewal: modern Japanese prints, 1900 to 1960*. Leiden, The Netherlands: Hotei Publishing, 2016. 11–13

· 周永昭著，李如珊譯，〈聖地牙哥美術館「近代日本：大正時代與其後的版畫」〉，https://artouch.com/art-views/content-4950.html，2024 年 8 月 30 日瀏覽

1　又田年英　〈富士艦砲術長山中少佐在旅順口海戰奮戰之圖〉　1904 年　波士頓美術館收藏（Museum Fine Arts, Boston）　取自維基百科公共領域圖像：https://upload.wikimedia.org/wikipedia/commons/3/38/Lieutenant_Commander_Yamanaka%2C_Chief_Gunner_of_Our_Ship_Fuji%2C_Fights_Fiercely_in_the_Naval_Battle_at_the_Entrance_to_Port_Arthur.jpg

2　橋口五葉　〈穿著寬鬆浴衣的女人〉　1920 年　托利多藝術博物館收藏（Toledo Museum of Art）　取自維基百科公共領域圖像：https://commons.wikimedia.org/wiki/File:Hashiguchi_Goy%3F_-_Natsugoromo_no_onna_(Woman_in_a_Summer_Garment)_-_Google_Art_Project.jpg

9

官方出版品的精緻裝幀

文化底蘊較少的臺灣島，在皇化普及的三十餘年間，各方面有了恍若隔世般的發展，在藝術方面的愛好及鑑賞等等皆迎來了顯著之進步，在催生了許多美術家之際，亦有一群為數不少的人們，把美術作為餘技享受，以超脫素人之姿進行作品發表。另，因企求美術鑑賞之群眾相當多，我認為不僅在本島舉辦美術展覽的時機業已成熟，而本島位居亞熱帶，理當能在藝術表現上發揮更多特色，故迫切希望本會能盡速成立。

—— 臺灣總督府文教局長　石黑英彥

〈臺灣美術展覽會に就いて〉，《臺灣時報》90 期，1927 年 5 月

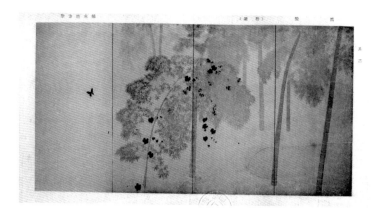

1 《文展》大正6年之卷
鏑木清芳〈黑髮〉

珂羅版印刷
大正通信社編
東京：大正通信社
1917 年 11 月
國立臺灣圖書館收藏

美術展覽會圖錄

前文提到，臺展與府展是臺灣第一個大型美術展覽
會，其中 1927 年至 1936 年間舉辦的第一至十回「臺展」
由臺灣教育會主辦，而 1938 年至 1943 年的「府展」則改
由臺灣總督府舉辦，可謂官方主導的美術盛事。1927 年
5 月，當時臺灣總督府文教局長石黑英彥在〈有關臺灣美
術展覽會〉（臺灣美術展覽會に就いて）一文中曾指出，
創辦臺灣美術展覽會的目的：

石黑英彥
1884–1945

　　臺灣教育會創辦臺灣美術展覽會的目的有二：
　　一是為居住在臺灣的美術家們提供一個美術鑑賞
　　研究的機會，二則是以涵養群眾具有美的意識，
　　鼓吹以其發展為興趣。說到底，美術本身就是文
　　化的精髓，也是國民精神的具體展現，亦可從一
　　個國家的文藝美術發展的樣態，來判斷其文化程
　　度。在某些年代，民眾對於美術的認知極為幼稚，
　　不僅有過認為美術是一種和切身生活毫無相關的
　　奢侈品，不屑一顧的年代，更曾有過把完全忽視
　　美術視為一種驕傲之年代。

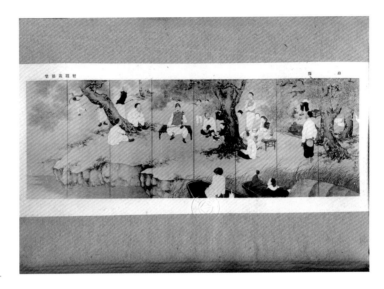

2　《文展》大正6年之卷
　村瀬義德〈綠蔭〉

珂羅版印刷
大正通信社編
東京：大正通信社
1917 年 11 月
國立臺灣圖書館收藏

　　此外，石黑還提到，隨著三十多年來日本的文化影
響，臺灣的藝術欣賞和創作水準顯著提升，除了專業美
術家外，還有不少素人熱衷於美術創作，並進行作品發
表。他認為，當時的臺灣已具備舉辦美術展的條件，並
希望本島藝術能展現亞熱帶的特色，促使臺灣美術展的
成立。

　　臺、府展設立雛型，基本上是仿效日本中央文壇「帝
國美術院美術展覽會」（簡稱「帝展」）。「帝展」的前身是
「文部省美術展覽會」（簡稱「文展」），創立於 1907 年，
由留法洋畫家黑田清輝努力獻策和遊說下促成，成為日
本首個官辦美術展覽，也是近代日本美術的權威展會，
項目分為日本畫、西洋畫和雕刻三部。1919 年，「文展」
改組，由新成立的「帝國美術院」接手舉辦，改稱為「帝
國美術院美術展覽會」。

　　不論是「文展」或「帝展」，這些展覽每次都會將出
品（入選展出）或得獎的作品，使用當時最先進的珂羅版
（collotype）印刷技術印製成精緻的圖錄。珂羅版印刷源
於 19 世紀的法國攝影製版技術，日本在明治時期就已引
入，成為當時一種極為精細的印刷工藝。由於珂羅版製

版用的玻璃本身沒有網點，膠膜硬化後，細微紋路疏密的變化能精細呈現出藝術品濃淡豐富、層次清晰、色彩如實的墨韻彩趣，達到毫髮畢現的複製效果，因此通常只用於少量印刷的印刷品，且印完即毀版，以確保印刷品質。

　　作為官方推動的展覽，「帝展」和「文展」不僅記錄了特定時期、地域和文化背景下的藝術創作，成為珍貴的文化資產，對後世了解近代日本和臺灣的藝術發展、社會變遷以及文化脈絡也具有重要的文獻價值；此外，圖錄還具備藝術教育的功能。透過對作品的複製與傳播，讓觀眾能夠跨越時空認識更多藝術和欣賞作品，提升美術鑑賞力。

　　從目前所保存的文展與帝展等圖錄中，我們可以看到當時的圖錄在裝幀用料和印刷技術上的高規格。這些圖錄的封面與內頁皆採用當時最先進、國家級的珂羅版製版印刷技術製成。在裝幀的形式上，大多採用直式大和綴的縫綴方式，題簽置於中央，字體為隸書，少數也有以楷書或篆書設計題簽字體（如《文展》大正6年之卷，與《文部省第七回美術展覽會畫帖》）。隸書字體結構方正，但筆畫的流動和轉折豐富，既莊重大器，又不失靈

3　《文展》大正6年之卷楷書題簽與傳統書帙裝幀

大正通信社編
東京：大正通信社
1917 年 11 月
37.5×27×7.5 公分
國立臺灣圖書館收藏

4　《文部省第七回美術展覽會畫帖》

1913 年
創價美術館收藏

活性，常用於官方文書，因此也非常適合官方出版的美術圖錄。

較特別的是，圖錄使用了織錦等高級布料裝幀，或在題簽上加貼金框裝飾，如《第二回帝國美術院美術展覽會原色畫帖》。大多數的文、帝展圖錄採二孔一組的大和綴形式，但《文展》大正 6 年之卷在封面材質上格外考究，並採用四孔一組的綴飾，使整體設計更顯皇家氣派與威嚴（另見本書頁 25 圖 3）。此外，《第一回文部省美術展覽會圖錄第四部美術工藝》在封面字體上更採用燙金處理。這些材質與工藝的運用，展現了自明治時代推行「文明開化」與「富國強兵」政策以來，日本對於美術工藝的高度重視。

除了《美術展覽會圖錄》外，日本官方也出版了《原色畫帖》，值得一提的是，不論是文展、帝展圖錄，或是《原色畫帖》，單就封面設計風格上，便可初步見到官方思考建構國家美術史觀念的作品與相關意象設計，既有日本畫風格的圖像（如《第五回文部省美術展覽會原色畫帖》）、復古樣式的花卉印花（如《第三回帝國美術院美術展覽會圖錄日本畫之部》）、也有類似正倉院唐物紋樣或敦煌壁畫圖案的設計（如《第十一回文部省美術展覽

會圖錄日本畫之部》與《第十一回帝國美術院美術展覽會
原色畫帖》）。這些圖錄的裝幀設計，不僅於現代書籍重
新詮釋了傳統視覺風格，更反映了物質文化與藝術史的
深層交融。它們象徵著文化的傳承，同時揭示了近代日
本在中日、古今、東西藝術風格交會中的自我定位。透
過這些官展圖錄的裝幀設計，可以感受到日本如何在國
際文化網絡中定位自身的歷史角色，並藉此構築建立起
文化自信。

　　與日本官展相似，日治時期的臺展和府展每屆均出
版圖錄，這些圖錄已成為研究日治時期臺灣藝術史的重
要史料。然而，不論是在臺灣、日本或者歐美藝術史學
界，關於臺展與府展的研究議題主要集中在當時參與官
展的藝術家生平、作品與成就，對於官方出版品圖錄設
計的研究及其文化意涵鮮少深入。

　　從《第一回臺灣美術展覽會圖錄》便可以看出設計者
選用橫式長方形的裝幀形式，並採用與文展和帝展圖錄
相似的隸書置中題簽，呈現和洋折衷的風格，整體簡樸
卻又不失莊重。此外，臺展第一回圖錄的封面為硬殼設
計，並以特殊的兩孔一組綴法精裝本出版，顯見當時殖
民政府對第一回臺展的重視。

| 8 | 9 | 10 |
| | | 11 |

8　《第五回文部省美術
　　展覽會原色畫帖》

1942 年
創價美術館收藏

9　《第三回帝國美術院美術
　　展覽會圖錄日本畫之部》

1921 年
創價美術館收藏

10　《第十一回帝國美術院
　　美術展覽會原色畫帖》

1930 年
創價美術館收藏

11　《第十一回文部省美術展
　　覽會圖錄日本畫之部》

1917 年
創價美術館收藏

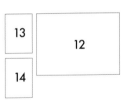

12 《第一回臺灣美術展覽會圖錄》

1927 年
創價美術館收藏

作者攝影

13 《第三回臺灣美術展覽會圖錄》

1929 年
創價美術館收藏

14 《第六回臺灣美術展覽會圖錄》

1932 年
創價美術館收藏

日治時期的臺灣美術展覽會本質上是日本殖民政府文化政策的一環,透過藝術展覽傳播現代化理念,同時藉此展現治理「開化」中的殖民地形象。從物質文化的角度來看,《第一回臺灣美術展覽會圖錄》的精裝設計不僅象徵殖民政府對此文化事件的高度重視,更意在展現殖民母國的國力。日本殖民政權試圖以「文明進步」的形象來治理臺灣,強化官展在臺灣的文化權威性。精裝圖錄因而成為政策具象化的媒介,不僅記錄與展示藝術,也是文化治理的具體象徵。

林磐聳教授在 2023 至 2024 年間策劃的「世紀的容顏:臺灣百年美術設計發展暨文獻展」中特別提到:「臺灣美術設計發展歷程最能彰顯文化價值的首推書刊的裝幀設計。」臺展與府展圖錄目前可以看到兩種裝訂法,分別是日式的大和綴與漢式的四眼裝訂法,誰是原裝、誰是改裝,或者是否可能同時發行兩種裝訂,仍有待進一步的證據出現和探討。不過,圖錄中將東洋畫和西洋畫都收錄在同一冊中,不同於日本帝展與文展每屆圖錄會細分日本畫之部、工藝美術之部等,甚至還會製作原色畫帖。可見日本殖民母國在「製作」這類具有國家權威性的

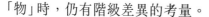

「物」時，仍有階級差異的考量。

　　臺展除了第一回為素面設計外，後續各屆圖錄的封面皆是選自審查委員的作品，並以珂羅版彩色印刷，發行份數為 500 本。此外，題簽的書法字體在第一到第六回和《帝展》一樣採隸書形式，但第七回以後一直延續到府展圖錄則是改為行草書，如《第六回府展圖錄》封面是採木下靜涯非常裝飾性的花鳥畫作品，搭配行草書自由的筆劃和流暢的視覺效果，展現出了更強烈的藝術性。如前所述，倘若臺展、府展圖錄的裝幀縫綴同時存在有不同的形式，搭配行草書題簽的改變，其設計背後是否有政治因素等考量，都值得後續作更深入的研究。

　　在臺展、府展圖錄中，第五回臺展圖錄（1931）尤為值得一提，該封面的水墨畫出自石川欽一郎之手，封面的編排與設計於歷屆圖錄中顯得特別突出。第五回臺展圖錄封面題簽的位置不同於傳統漢式貼簽會留邊的習慣，偏左置頂，並且題簽加上了銀色邊框（類似圖6的《第二回帝國美術院美術展覽會原色畫帖》），上下還貼有深淺不同的銀色飾帶，增添裝飾性。這些另類的設計，搭配石川所繪的臺灣水墨風景畫，使封面呈現出東西文化交融與現代性的探索。進一步而言，圖錄本身如工藝品

15

16

15　府展圖錄大和綴

第一回至第六回府展圖錄
1938–1943 年
創價美術館收藏

16　《第五回臺灣美術展覽圖錄》

石川欽一郎繪封面
1931 年
創價美術館收藏

作者攝影

17 《第一回臺灣美
術展覽會圖錄》

1927 年
創價美術館收藏

作者攝影

18 《第一回臺灣美術展
覽會圖錄》復刻版

2020 年
臺中：國立臺灣美術館

作者攝影

提姆·登特
Tim Dent

般的美感，反映了當時日本中央藝壇對裝幀的審美趣味，並透過這些圖錄載體傳播至臺灣藝文界。而圖錄的出版超越了展覽本身的展期時間限制，成為「物」的存在，使藝術家的作品得以歷久不衰，也成為近代臺灣美術、日本美術史及物質文化研究的重要資料之一。如同提姆·登特在其名著《物質文化》一書中曾提及：

> 我們藉由與物共存並使用他的方式，來表現我們屬於這個社會一部分的事實。物質文化使我們在社會中與他人產生聯繫，提供我們比使用語言或直接互動更具體且持久的方法，來分享價值、活動與生活方式。

2020 年 3 月，國立臺灣美術館在文化部「重建臺灣藝術史」計畫的支援下推動「臺展復刻，經典再現」出版計畫，復刻版的裝幀設計皆為平裝的漢式四眼裝訂。當時製作復刻版時，很可能並未注意到臺展與府展圖錄還有大和綴的可能，尤其第一回臺展圖錄的硬殼裝，也並未見於復刻版。復刻圖錄時若僅重視文獻內容的儲存，而未意識到實也需要兼顧書籍裝幀作為物質文化史料的價值，很容易錯失理解原有的設計理念和歷史訊息的機會。對於藝術史學者或文化資產保存者而言，這是非常重要的物質與文化遺產維護的概念。

寄託災後重建希望的皇室婚禮，與展示國力的博覽會誌

　　除了帝展、文展、臺展與府展的圖錄外，1924 年京都博覽會出版協會出版的《東宮殿下御成婚奉祝萬國博覽會參加五十年記念博覽會誌》也是日本官方出版品重視裝幀的一個典型例子。「東宮」是日本皇太子的正式稱號之一，因此書中所指的「東宮御下」指的就是當時的皇太子、後來的第 124 代天皇裕仁。

　　裕仁皇太子在 1923 年 4 月 16 日訪問了殖民地臺灣，進行為期 12 天的巡視活動。行程由北而南，遍及基隆、臺北、臺中、臺南、高雄及屏東等地，甚至還跨海至澎湖，隨後返回臺北，日方稱之為「臺灣行啟」。為紀念這次訪臺，臺灣總督府特別發行了「皇太子殿下行啟紀念繪葉書」及「皇太子殿下行啟紀念郵票」。

　　裕仁皇太子的這次訪問，是他作為皇家代表的海外重要官方活動之一，被賦予深厚的政治意涵，旨在展示日本皇室對臺灣的關注，加強日本的統治正當性。訪臺期間，裕仁皇太子參觀了地方基礎設施、文化遺址，並與當地官員和民眾互動交流。為了彰顯政績並進行宣傳，日方在皇太子訪臺各地點均安排隨團攝影師拍攝，以詳細記錄整段過程，從而增強日本皇室象徵性影響的傳播效果。

　　1923 年 9 月 1 日，在裕仁皇太子訪臺後約 5 個月，日本發生了歷史上毀滅性的大地震之一——關東大地震，這場災難引發了大火、海嘯、土石流等後續災害，估計造成超過十萬人喪生、數十萬人無家可歸，對日本社會、經濟和政治產生了重大打擊。

　　地震不久後，1924 年 1 月 26 日，裕仁皇太子與久邇宮良子女王（後來的香淳皇后）結婚。這場婚禮對皇室及日本社會都具有重要意義，在歷經大地震之後，不僅

19

19　《東宮殿下御成婚奉祝萬國博覽會參加五十年記念博覽會誌》

1924 年
國立臺南藝術大學圖書館收藏

昭和天皇裕仁
1901–1989
1926–1989 在位

香淳皇后
1903–2000

20 石川寅治〈臺灣
竹筏〉繪葉書

1923 年
私人收藏

21 皇太子殿下行
啟紀念繪葉書

1923 年
私人收藏

有助強化皇室在民眾心中的地位，日本民眾也藉由婚禮
寄託了對於災後國家復興的希望。同年 10 月，由京都博
覽會協會出版的《東宮殿下御成婚奉祝萬國博覽會參加
五十年記念博覽會誌》（簡稱《博覽會誌》）在此背景下誕
生，成為宣導日本災後重建的官方象徵之一。

《博覽會誌》的書名提及「東宮殿下御成婚」與「參加
萬國博覽會五十年記念」兩大事件，內容包括日本皇室
婚禮以及日本參與萬國博覽會的歷史回顧。這本會誌以
精美的攝影照片及印刷圖版報導了日本在 1873 年參加於
維也納舉辦的世界博覽會，這也是日本首次參與國際性
的一次萬國博覽會，對其國際化進程和現代化發展具有

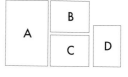

重要意義。

維也納萬國博覽會不僅促進了西方對日本的認識，還在歐洲掀起了「日本風」（Japonisme）的熱潮，特別是在藝術、設計和時尚領域深刻影響了歐洲的審美。日本工藝品以其簡潔精美、對自然的細緻描繪深深吸引了歐洲藝術家，成為後來印象派和現代設計的重要靈感來源。《博覽會誌》不僅展示了日本政府積極參與萬國博覽會、藉以彰顯國力的意圖，還同時刊登了〈奧國皇帝皇后兩陛下御真影〉，透過出版品回顧日本參與萬國博覽會的過往歷史與照片，日本政府企圖與西方世界匹敵的意圖明顯可見。

此外，《博覽會誌》還報導了 1924 年日本總裁博恭王親赴英國倫敦溫布利公園（Wembley Park），參觀當時正在舉行的大不列顛帝國博覽會，並且回溯到 1851 年，英國在倫敦海德公園（Hyde Park）舉辦的全球首屆「萬國工業產品博覽會」（Great Exhibition of the Works of Industry of all Nations），展期從 5 月 1 日到 10 月 15 日，這場博覽會展示了工業革命後，英國在產業上技冠群雄、傲視全球的輝煌成果。此後，世界各國也相繼效法舉辦，藉

22 《東宮殿下御成
婚奉祝萬國博覽
會參加五十年
記念博覽會誌》

A 「東宮殿下御成婚」照片
B 明治六年維府萬國博覽會
　會場全景
C 明治六年維府萬國博覽會
　日本館展品
D 「奧國皇帝皇后兩陛下
　御真影」
E 大不列顛帝國博覽會
　會場全景
F 臺灣館　野外戲
1924 年
國立臺南藝術大學圖書館收藏

博恭王
1875–1946

F　E

此展示國力以期提升國際地位。

　　書中另收錄博覽會中日本的殖民地展館如朝鮮館和臺灣館等，此為帝國主義時期以來列強展示殖民地物產與文化的場域，常展示殖民地風物，旨在促進商貿與彰顯國力。臺灣館展出了包括樟腦在內的各種農產品，還展出了民間藝術如野臺戲（歌仔戲）等，呈現臺灣豐富的物產與文化。其中，樟腦是日治時期重要的經濟來源，日本於 1903 年成立「臺灣樟腦局」，壟斷開採與出口，並嚴控私人經營，樟腦與糖是當時臺灣的兩大出口商品，為日本殖民地政策提供了重要經濟支持，並確立了在國際市場的原料優勢。此書中的圖像和攝影照片選擇，已經不是單純的客觀紀錄，而是充滿著執政者意識形態的操作痕跡。

　　《博覽會誌》不僅以先進的攝影製版與印刷技術呈現皇室婚禮的莊嚴，也藉此展現日本帝國參與世界博覽會的強國形象，因此書籍裝幀設計十分講究，採用藍色皮革精裝，書背燙金書名，典雅大方，突顯其珍貴價值。這種配色可能受到中國傳統文化的啟發，因為青色多運用於儒家經典、經解和正史等書籍裝幀上，象徵本書權威地位。另外，封面燙金的鳳凰圖案，自古以來也是日

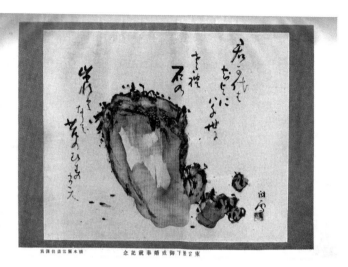

寫眞的畫雪關本橋　　念記載奉婚成御下殿宮東

本文化中象徵吉祥的神獸，有美好的祝福寓意；扉頁則收錄了大正至昭和時期知名畫家橋本關雪的水墨畫作，為書籍增添了藝術性和文化深度。

橋本關雪自幼研習漢學，深受中國古典文學啟發，以顯現出文化修養深厚的作品聞名。扉頁畫中的石頭是中日水墨畫常見的題材，自古就被賦予豐富的文化意涵，在此象徵日本帝國在災後堅韌不拔的生命力量。畫作中層次分明的墨色暈染，並以秀美的書跡題上日本國歌「君之代」的詩句——「吾皇盛世兮，千秋萬代；砂礫成岩兮，遍生青苔」，寓意國家千秋萬世、堅如磐石的願景。

《博覽會誌》以東西方融合的設計手法，將災後重建的期盼、日本皇室婚禮的象徵意義與國際博覽會的國力展示融為一體，成為極具代表性的官方出版品。這種精心構思的裝幀和內容，不僅提升了書籍的象徵地位，也彰顯出日本政府藉由裝幀物質與編輯傳遞的文化和政治意圖，表露其在國際舞臺上塑造形象的深遠企圖心。

臺灣名所寫真帖

由石川源一郎編輯兼發行，小川一真攝影製版與印刷的《臺灣名所寫真帖》（以下簡稱《寫真帖》）是日本殖

B

A

23 《東宮殿下御成
　　婚奉祝萬國博覽
　　會參加五十年
　　記念博覽會誌》

A 書封與書背燙金
B 橋本關雪扉頁畫
1924 年
國立臺南藝術大學圖書館收藏

橋本關雪
1883–1945

石川源一郎
生卒年不詳

小川一真
1860–1929

民政府重要的視覺出版物之一。小川一真是明治時期機械攝影和製版印刷技術的先驅,早年曾赴美國學習攝影和製版、印刷技術,歸國後於東京開設照相館與印刷所,後來也成為日本皇室的御用攝影師。1900 年光緒庚子年,八國聯軍攻佔北京時,小川一真與眾多外國攝影師一同前往清國進行紀錄活動。順帶一提,畫家石川欽一郎來臺前,也曾因為日俄戰爭被派遣加入滿州軍總司令部,擔任隨隊翻譯官。

　　《臺灣名所寫真帖》的裝幀採取橫式長方形,裝訂為右翻式三孔線裝的改良式大和綴,設計融合傳統與現代美學。封面題簽使用楷書字體印刷於左方,配上淡雅色彩,並以類似唐代捲草紋及圖案化的松鼠紋樣裝飾。內文中將美術、設計和攝影照片相結合,與前述《博覽會誌》

26 《臺灣名所寫
真帖》內頁

1899 年
國立臺南藝術大學圖書館收藏

寫真和「皇太子殿下行啟紀念繪葉書」類似，圖文並置的
排版增強了視覺吸引力和宣傳效果，並以幾何造型的趣
味反映了時代的美術設計風格。

　　《臺灣名所寫真帖》於 1899 年以價格不斐的銅版製
版印刷而成，全書收錄約 160 張照片，涵蓋清代遺留的
官舍廟宇、日本殖民政府新建的洋風建築，以及山川河
流等自然景致。這些圖像呈現了臺灣在政權更迭中的諸
多風貌，也透過殖民者視覺表達中的秩序安排，以及藉
由屬於異文化的「他者」視線的再現與整合，呈現出當時
人們探索現代性景觀的需求。

　　如同彼得‧柏克在《圖像證史》中所言，即便是攝
影，也並非純粹的現實反映，圖像既是不可或缺的史料，
又具有一定的欺瞞性。隨著歷史學者轉向圖像分析，傳
統上圖繪影像被認為是再現真實的觀念逐漸受到挑戰，
文化性的表述會引發人們對影像作為歷史證據的批判思
考，看出其中「現實」與「表現」之間存在微妙的張力。與《博
覽會誌》相似，《臺灣名所寫真帖》在以機械複製技術介
紹臺灣的同時，也透過影像的選擇與呈現，傳播並重構
了國族意識的觀念。

彼得‧柏克
Peter Burke
1937–

27 《臺灣歷史畫帖》

臺南市役所
臺南發行、日本東京印刷
1939 年
35×25.9×2 公分
葉仲霖收藏

28 〈乃木將軍與臺南
市民代表〉

小早川篤四郎
1939 年
油彩畫布　100 號
取自《臺灣歷史畫帖》，頁 58

臺灣歷史畫帖

小早川篤四郎
1893–1959

　　日治時期還有一件重要的官方出版物是《臺灣歷史
畫帖》（以下簡稱《歷史畫帖》），該書收錄了 21 幅小早
川篤四郎於 1935 年應總督府委託，為慶祝日本在臺灣始
政四十周年而繪製的油畫，畫作主題涵蓋了「西班牙人
佔領臺灣北部」、「荷蘭人對原住民的教化」、「鄭成功與
荷蘭軍之海戰」、「乃木將軍與臺南市民」等歷史事件。

　　《歷史畫帖》的裝幀設計為橫式長方形的精裝版，採
用兩孔一組的日式大和綴，封面字體燙金，整體設計與
配色雖簡單，但卻不失高雅大方。這本精美的書籍，製
作過程中，從製作封面·選擇材料、構思題材，乃至版

面安排、邊框、花邊、燙金、書背、補白等裝飾，都需要熟練的抄寫員與畫工投注大量時間與成本，加上所費不貲的製版與印刷工序，歷經多工精心製作方能完成。繁複講究的裝幀不僅具備保護書本的實用性，還能賦予書籍及其擁有者尊貴的價值感。

如前所述，精裝書籍因為成本較高，通常用於製作頁數較多、經常翻閱且需長期保存的重要圖書。《歷史畫帖》採用精裝本形式，且內頁畫作皆為全彩印刷，這在當時已經進入戰爭時期、資源短缺的情境下尤為珍貴。

小早川篤四郎的油畫於 1935 年在臺南市役所展示，以慶祝日本統治臺灣四十週年；隨後於 1939 年編輯印製成《臺灣歷史畫帖》。這部畫帖的成書可以說是近代臺灣「歷史畫」的特殊案例，因應日本戰時的需要，從日本統治正當性的角度挖掘並詮釋多項與臺灣有關的歷史事件，描繪成畫，甚至集結成出版品。對於當時的殖民政府而言，這些畫作的製作、展示和出版，都擔任了重要的政治宣傳功能。

班雅明所謂的機械複製技術，使得藝術作品轉變為可量產散布的出版品，超越時間與空間的限制，將複製影像傳遞至原作難以抵達的地方。而透過《臺灣歷史畫帖》的出版，可以看到殖民者如何利用藝術來重塑與傳達他們對臺灣歷史的詮釋，進而感受到在殖民背景下，視覺文化生產所展現的複雜性與深遠意義。

班雅明
Walter Benjamin
1892–1940

民間之力自製的精裝本

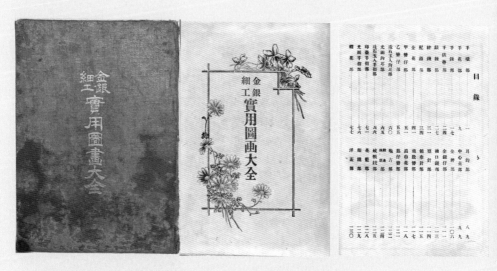

不只有官方出版的美術展覽圖錄和畫帖才能使用精裝裝幀，隨著機械印刷技術在 20 世紀的普及，精裝本逐漸不再是貴族或官方的專利。高天成是日治時期在臺北的知名金鋪主，主要經營黃金飾品、銀器及其他貴金屬製品。在當時，黃金、銀器等貴重金屬不僅是富裕階層用來展示地位和財富的象徵，也在婚嫁、祭祀等重要場合中扮演重要的作用。

1930 年高天成編輯出版了《金銀細工實用圖畫大全》，這本書以燙金精裝本形式呈現，是民間出版精裝書的一個代表性作品。從序言中可以看出，編者高天成認為傳統的金工技術多依賴師徒制口傳心授，已不合現代的需求。他認為「金銀細工乃美術之一部分」，必須與時俱進，於是蒐集各家名人的畫譜，進而改良成金銀首飾的款式圖稿，希望這本書能增進臺灣相關金銀業者的技術和競爭力：

高天成
生卒年不詳

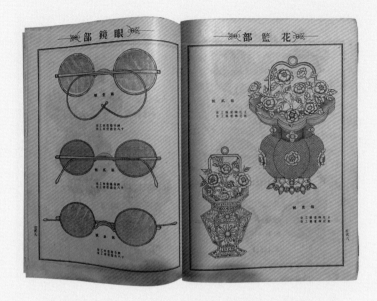

4

　嘗觀四書，孔子曰：致知在格物，孟子曰：且
一人之身，而百工之所為備也。當今20世紀世界
文明各項技藝爭奇鬥巧，維新改良，啟發精神，
增廣智識。惟我金銀細工亦美術中之一份子。曩
昔係承先賢前輩，口傳心授，歷來率由舊章。現
代競尚新穎，鄙人有鑑及此，力求進步，不惜重
貲，購集名人花譜，潛心研究，編成奇妙模型，
不憚勞煩，加工繪畫，著為一冊，公諸同人，其
中款式繽紛，點綴深淺，一覽瞭然，得心應手，
作將來之捷徑，為後學之取資，庶幾增進我全臺
金銀細工技術之發展，是則鄙人所深望也夫，因
為序。

　與前面提到的由官方政府挹注的財力資源所出版的
圖錄和寫真帖相比，《金銀細工實用圖畫大全》則是由
臺灣民間自發出版，旨在提升全臺工藝美術的競爭力，
這本特別的書籍無論在宗旨上或在臺灣美術史上的重要
性，又完全與西川滿所追求的美與「地方主義」理念截然
不同。

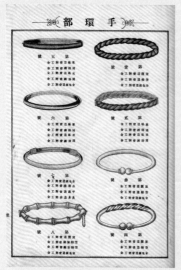 

　書中的扉頁邊框設計明顯帶有西方現代設計潮流的風格，目錄可見內容分類有手環部、手錶帶部、光面鉤耳部、領金針部、花籃部、眼鏡部等 32 個單元，可見當時黃金首飾業的興盛與高度需求。在臺灣早期，婚嫁祝壽所用的黃金首飾完全由手工打造，因此銀樓訂製個人金飾的風氣相當盛行。

　全書共錄有 1300 幅線描圖稿，為日治時期少見的金銀細工專書。高天成等金鋪不僅促進了當地經濟發展，還形成了一個依賴貴金屬加工的手工業社群，為許多人提供了就業機會。這些金銀店鋪的繁盛，某種程度上也反映了日本政府對於臺灣民間經濟的開放與支持，而這些商業活動對於促進臺灣的現代化經濟體系也有一定的貢獻。

【延伸閱讀】

· 高天成編，《金銀細工實用圖畫大全》，臺北：高成興金飾，1930

1 高天成編《金銀細工實用圖畫大全》　臺北：高成興金鋪，1930 年　20×27×2 公
   分　私人收藏

2 《金銀細工實用圖畫大全》扉頁

3 《金銀細工實用圖畫大全》目錄

4 花籃部及眼鏡部部線描圖稿　《金銀細工圖畫大全》，頁 128–129

5 線描圖稿手環部　《金銀細工圖畫大全》，頁 1

6 線描圖稿金花部　《金銀細工圖畫大全》，頁 41

10

文學與美術的聯手

　　雜誌的內容並不純粹是知識分子取向，但也不全然是大眾取向的東西。還有秉持著多賣一本也好的心態，為了讓讀者買得起，我們的定價也很便宜。而這些都是民營雜誌需要編輯和用心經營的所在。這本雜誌不是專門性的雜誌，橫跨各界，既有適合知識階層的篇幅，也精心準備了適合大眾閱讀的內容。

──《臺灣藝術》總編輯　江肖梅

〈未墾地の開拓に苦心─編輯者立場から〉，《興南新聞》1943 年 9 月 20 日

文學與繪畫的合作，自古便是東西方文化中常見的現象。例如，4 至 5 世紀間傳為東晉顧愷之所作的〈洛神賦〉和〈女史箴圖〉等，就是將文學作品中的敘事思想透過視覺藝術呈現，讓觀眾更直觀地體會故事情節。日本平安時期的藝術作品〈源氏物語繪卷〉，也是描繪現存最古老的長篇小說《源氏物語》的繪畫作品。而近代日本文壇，文學與插畫合作的高峰出現在 20 世紀初至中期，尤其大正至昭和初期，反映了獨特的文化背景與歷史脈絡。

顧愷之
約 344–406

東晉
317–420

平安時期
794–1185

19 世紀末，隨著機械印刷技術的出現，平裝本逐漸受到讀者青睞，精彩的封面設計與插圖增加了書籍的裝飾性與藝術價值。1910 到 1930 年代的日本可謂大眾文化的黃金時期，由於印刷技術的改良，書籍封面、海報、插畫等視覺藝術作品以印刷品形式迅速傳播，更為貼近大眾生活。1930 年代，輕巧易於攜帶的平裝本盛行，並採用多種裝訂方式，如平釘裝、騎馬釘裝、無線膠裝、活頁裝等。這些書籍多採用厚質的優良紙張作為封面，價格親民，使知識廣泛流通，為出版界帶來嶄新景象。

在本書第 5 章中，我們曾經提到由於 1912 年臺灣總督府公學校規則修正，圖畫科與手工科首次正式納入臺灣初等教育中，美術和工藝逐漸融入臺灣人的生活。隨著現代式教育在臺灣的普及，愈來愈多臺灣人嫻熟掌握日文，並以日文創作小說，對於美術、展覽等藝文活動的關注也日益興盛。關於「臺灣文學」的定義與相關研究，過去已經有許多學者提出精闢的論述；例如臺灣文學研究者河原功便指出臺灣文學的特色在於文化融合的雙重性：「『臺灣文學』是臺灣自主性的運動，但很清楚地，它受到來自『日本文學』與『中國文學』兩方面的影響，在不可分割的關係上開展。」在日治時期，臺灣許多學校及校友會都會出版刊物，如臺北高校的《翔風》等；而在東京，也有一群臺灣留學生於 1930 年成立

河原功
1948–

「臺灣藝術研究會」，對臺灣近代文學和藝術產生了深遠的影響。這些身處異地吸收不同文化觀念的留學生，受到日本現代主義思想和文化氛圍的薰陶，也十分積極想將西方的藝術思潮融入臺灣本土文化。

「臺灣藝術研究會」經常舉辦藝術展覽與討論會，邀請日本與臺灣的藝術家、作家、學者進行交流，引進西方現代藝術流派如印象派、立體派、表現主義等，讓更多臺灣藝術家接觸到國際最新的藝術動向。

「臺灣藝術研究會」成員們創辦或參與了多種期刊的發表，例如 1933 年創辦的《福爾摩沙》（フォルモサ），就是由在日的臺灣留學生和作家於東京發行的日文雜誌，該雜誌的代表性作家包括賴和、楊雲萍、和王白淵等。《福爾摩沙》上的作品大多受到日本現代主義文學的影響，注重文學表現形式的創新，如象徵主義、現實主義等。這些作家以雜誌為媒介引進新的文學風格，還深入探討如何以文學表現臺灣的社會現實，推動了臺灣文學的現代化。

日治時期臺灣創辦的雜誌多達 400 餘種，涵蓋文藝、教育、法政、財經等不同類別。其中，一些文藝性或較為大眾化的雜誌，如《臺灣文藝》、《臺灣文學》、《愛書》、《文藝臺灣》與《臺灣藝術》等，為宮田彌太朗、立石鐵臣、林玉山等許多藝術家提供了發表插畫或書籍封面的平臺。這些雜誌的插畫或封面作品表現活潑且風格多樣，媒材包括水墨、版畫、水彩、攝影等，他們參與的裝幀設計除了發揮保護書籍的功能之外，更以具體的視覺印象向讀者傳達書籍內容與美學思維。

賴和
1894–1943

楊雲萍
1906–2000

王白淵
1902–1965

臺灣人自辦的代表刊物《臺灣文藝》

　　創辦於 1934 年的《臺灣文藝》，是日治時期臺灣最
具影響力的文藝刊物之一，代表性作家包括賴和、楊逵、
龍瑛宗、張文環和呂赫若等。《臺灣文藝》作為文學期刊，
成為臺灣新文學運動的核心平臺，鼓勵作家以現代文學
形式反映臺灣社會的現實，推動現實主義、象徵主義等
西方文學流派在臺灣的發展，使臺灣文學脫離傳統的束
縛，走向現代化。

　　作為日治時期重要的文化人，張星建在 1927 年進
入臺中中央書局擔任營業部主任，1932 年，《南音》創
刊，他出任該半月刊的編輯。1934 年 5 月，民間文學組
織「臺灣文藝聯盟」成立，集結了當時臺灣全島不同派別
的新文學運動者，並先後在臺灣各地及日本東京成立支
部。同年 11 月，聯盟的機關刊物《臺灣文藝》創刊，漢、
和文並刊，以月刊形式共發行了 15 期，並在 1936 年 8
月 28 日以後停刊。張星建在創刊號的〈熱語〉一文中闡
明雜誌宗旨：「我們的方針不偏不黨」、「把這本雜誌辦
到能夠深入識字階級的大眾裡頭去」，並期望「看我們的
藝術之花在世界心臟上開放吧！」他的目標是實踐文藝
的大眾化。由於臺灣文藝聯盟成員遍及全臺、橫跨各藝
術領域，《臺灣文藝》成為日治時期臺灣新文學運動的重
要推手。

　　張星建透過中央書局的行銷管道，成功發行與推廣
《臺灣文藝》，擴大其影響力。編務上，他做出一項重要
的創舉，邀請「臺陽美術協會」的畫家參與，為雜誌提供
封面設計、插畫及美術評論。此外，張星建撰寫了日治
時期首篇全面介紹臺灣美術團體的文章〈關於臺灣的美
術團體及其中堅作家〉（臺灣に於けろ美術團體とその中
堅作家），鼎力推介臺灣美術家及其作品，促成了《臺

楊逵
1906–1985

龍瑛宗
1911–1999

張文環
1909–1978

呂赫若
1914–1950

張星建
1905–1949

1 《臺灣文藝》
第1卷第1號

楊三郎設計封面
臺中：臺灣文藝聯盟
1934 年 11 月
國立臺灣文學館收藏

楊三郎
1907–1995

顏水龍
1903–1997

李梅樹
1902–1983

李石樵
1908–1995

陳清汾
1910–1987

文藝》文學與美術聯手的榮景。

　　《臺灣文藝》第 1 卷第 1 號的封面便以畫家楊三郎的手繪作品為主視覺，刊名採用力道十足卻內斂含蓄的行書字體，文字形體結構和用筆粗細變化展現了書法的動態視覺美感。楊三郎於 1923 年赴日本京都關西美術院留學，1932 年再赴法國深造，作品不但多次入選臺、府展，在法國時也入選法國秋季沙龍，是日治時期少數同時具備日本和法國留學經歷的臺灣藝術家。自法國返臺後，就與顏水龍、李梅樹、李石樵、陳澄波、廖繼春、陳清汾、立石鐵臣等 7 位藝術家致力籌備臺陽美術協會，為臺灣藝術的推廣全力以赴。

　　楊三郎以色彩豐富的風景畫聞名，尤其擅長描繪臺灣的自然景觀，深受西方印象派影響。《臺灣文藝》創刊號採用他的風景畫速寫來呼應刊物的宗旨與理念特色，看似樸素的素描線條，巧妙捕捉了城市建築之間光影變化、並與水面輝映的自然美。畫家透過《臺灣文藝》這類刊物發表作品，讓我們感受到文藝圈共同推動臺灣本土文化與現代藝術交融的努力。

　　以《臺灣文藝》第 2 卷第 2 號和第 3 號的封面為例，分別由臺灣留日畫家陳澄波和李石樵創作，畫面為描繪

2 《臺灣文藝》
第2卷第2號

陳澄波設計封面
臺中：臺灣文藝聯盟
1935年2月
國立臺灣文學館收藏

3 《臺灣文藝》
第2卷第3號

李石樵設計封面
臺中：臺灣文藝聯盟
1935年3月
國立臺灣文學館收藏

現實生活的寫實風格，題材也可見表現出鄉土性。陳澄波生於1895年臺灣嘉義，童年接受私塾漢文教育，後來進入臺灣總督府國語學校，藝術啟蒙得益於石川欽一郎的指導。1924年，他考入東京美校圖畫師範科，成為臺灣早期留學日本的學生之一。1926年，陳澄波以畫作〈嘉義街外（一）〉（嘉義の町はづれ）首次入選日本第七屆「帝國美術展覽會」，成為臺灣以油畫入選該展覽的第一人。隔年3月，陳澄波自東京美校畢業後選擇升上該校研究科繼續進修，期間曾參加臺灣、日本、中國各地展覽，並於1929年3月完成研究科學業。後來受中國畫家王濟遠的介紹，陳澄波決定前往上海新華藝專等校教書。陳澄波的藝術風格除了深受後印象派的梵谷影響，也因為在上海任教的交遊經驗，接觸了中國文人畫美學思想，產生了藝術性的聯繫。直到1932年，因為上海發生一二八事件，他和家人先後返臺。接著便在1933年加入楊三郎等人組織的臺陽美術協會，積極推動臺灣本土的藝術教育與發展。

現在讓我們來看看《臺灣文藝》第2卷第2號的封面，根據畫面左下角落款，可知這是陳澄波1934年返臺後描

王濟遠
1893–1975

梵谷
Vincent Willem van Gogh
1853–1890

繪的作品。這件風景畫作採用了簡潔明快的線條，給人一種即時捕捉當下情景的隨興感，而這種速寫風格最可觀的便是畫家對取景的快速掌握和即興的表現力。畫中的傳統建築與街道布局為當時臺灣城鎮的風貌，不僅富有日常生活感，簡筆中仍可見屋舍建築高低交錯和路面土壤等細節處理，都流露出陳澄波對臺灣本土風景的深刻關注。而人物以簡潔的線條勾勒出正在互動的肢體動作，營造出生動的生活場景。這是陳澄波僅運用簡約筆觸線條，也能描繪出現實生活感的精湛技藝。

《臺灣文藝》第 2 卷第 3 號封面由李石樵創作。李石樵於 1908 年出生於臺北新莊，1924 年進入臺北師範學校就讀，並參加了石川欽一郎的寫生畫會。1929 年，他前往日本東京的川端畫學校等預備學校習畫，並於 1931 年 4 月考取東京美校。在他三年級時，進入岡田三郎助教室，同年，他創作了 130 號巨幅油畫〈林本源庭園〉，並憑該作入選第十四回帝展。1934 年 11 月，李石樵與同輩畫家們加入臺陽美術協會，後於 1936 年 3 月自東京美校畢業。1938 年，李石樵攜眷自東京返回臺灣，定居臺中，積極參與《臺灣文藝》的發行，並為「臺灣藝術社」的《臺灣藝術》及「啟文社」的《臺灣文學》等刊物創作內頁插圖，他身體力行地實踐「繪畫可以在社會中發揮作用才是真正的畫家」的理念。

李石樵的創作題材大多是以臺灣本土的人物和風景為主。除了為他的藝術生涯中很重要的伯樂張星建繪製肖像 (1935) 外，他的群像畫如〈合唱〉(1944)、〈市場口〉(1946)、〈建設〉(1947) 等作品，皆展現出強烈的人道主義與批判意識，奠定了他在臺灣藝術史上的重要地位。在《臺灣文藝》的封面設計中，李石樵也運用了簡樸的線條勾勒出臺灣民間的農家景觀，細膩刻畫樹木與藤架的紋路與造型，畫面氛圍寧靜樸素。

岡田三郎助
1869–1939

對抗的兩大文學陣營刊物：《文藝臺灣》與《臺灣文學》

　　1930 至 1940 年代的《文藝臺灣》和《臺灣文學》也是邀請美術家參與裝幀和封面設計的重要刊物。從臺灣文學史的角度來看，1940 年 1 月，由西川滿和黃得時號召成立「臺灣文藝家聯盟」及創辦的《文藝臺灣》，象徵著 1940 年代臺灣文壇的新啟之幕，同時，這也標誌著自 1937 年起，因中日戰爭影響，因應國策，報紙和雜誌「漢文欄」逐漸消失的新發展階段。此時的文學題材呈現出兩大陣營對臺灣民俗題材的不同詮釋：一方面是本地作家對鄉土的關懷，另一方面是內地作家對異國情調的展現。《臺灣文學》和《文藝臺灣》這兩大文藝陣營各自主張「建立臺灣文壇」與「邁向中央文壇」，在理論與創作層面展現了截然不同的文學風格，成為當時臺灣文化界的一大特色。

　　1930 年代初期，臺灣的文學關懷從「新舊文學」之爭，轉向對「鄉土文學」的探索。「鄉土文學」的概念在這時期首次被提出，並與「民間文學」逐步結合，為文學創作注入了臺灣的本土氣息。同樣地，當時臺灣美術所提倡的「地方色彩」，也關注必須反映出臺灣獨特的自然風貌和人文特質，呈現出與日本本土或與其他地區有所不同的特色。

　　不同於帶有濃厚鄉土主義色彩的《臺灣文藝》，西川滿於 1940 年創刊的《文藝臺灣》在封面設計上更傾向以熱帶、民俗、抒情的異國色彩來表現臺灣，且多採用版畫創作。《文藝臺灣》第 6 卷第 3 號的封面〈大和〉便是宮田晴光（即宮田彌太朗）所繪製的版畫。

　　宮田除了是臺灣日治時期重要的創作版畫藝術家外，也是重要的東洋畫家，作品常入選臺、府展。在第 7 章中我們曾提到他與西川滿在媽祖書房合作了大量封

黃得時
1909–1999

面與插圖作品，是西川滿藝文生涯中不可或缺的創作夥伴。而《文藝臺灣》封面上的〈大和〉這幅作品，則會讓人聯想到藤島武二於 1902 年的畫作〈天平的面影〉（天平の面影）。

甲午戰爭後，日本文學界逐漸對維新以來高漲的合理主義、實用主義的社會風氣[*1]產生不滿，開始格外注重個性的闡發和戲劇性的幻想，進而刺激了日本美術浪漫主義和歷史題材繪畫的興起。藤島武二〈天平的面影〉描繪了 8 世紀奈良朝的古典風貌，全畫籠照著黃金色調，人物穿著為古式裝扮，並執古代樂器，喚起一種對古典時代的思慕之情，這件作品被視為明治浪漫主義的開端。

不過，〈大和〉與〈天平的面影〉最大的不同，在於它是發表於戰爭膠著時期的作品。在 1937 年日本正式對中國發動戰爭後，殖民地臺灣也捲入了世界大戰牽連的陰影中。至 1943 年，日本於太平洋戰區遭遇挫敗，戰情出現轉折、失去開戰以來的戰略主導權，陷入與盟軍的消耗戰，此後在第二次世界大戰中漸走下坡。隨著戰爭的影響，當時臺灣的藝文創作也被政府鼓勵要因應時局描寫戰爭相關題材，激發民眾的愛國情懷，往往承載著美化日本發動戰爭的宣傳功能，如 1942 年林玉山所創作的屏風畫〈襲擊〉和 1943 年蔡雲巖的〈男孩節〉，都是這個時代下的特殊產物。作為所謂的「外地二世」[*2]，西川滿在戰爭時期響應時局與國策，進行相關的文學創作與裝幀設計，並不讓人意外。

〈大和〉描繪日本古典仕女形象，有其日本近代歷史畫發展中表現文化自信和國家認同的淵源與延伸。先前

蔡雲巖
1908–1977

---

* 1　明治維新後，日本推崇合理與實用主義，以科學、效率促進現代化。然而，文學界逐漸反感這股高漲的實利風潮，認為其忽視個性與情感。此不滿激發了浪漫主義興起，轉而重視個性表現與歷史題材。

* 2　相對於出生於臺灣的日本人「灣生」，「外地二世」指的是從外地搬遷而來，並已經在這個土地上長住久居的人們。

提到的《臺灣歷史畫帖》，同樣也是在此脈絡中被用來塑造歷史記憶、激發愛國心而出版的歷史畫出版物；不過，從〈大和〉畫面中較難直接判斷與戰況的直接關聯，但相較其他期數的《文藝臺灣》封面多表現臺灣意象，西川滿此時在《文藝臺灣》封面使用日本古典仕女畫像，的確是一個值得注意的選擇。

　　另一本重要刊物《臺灣文學》的設計相較《文藝臺灣》更為簡約，裝訂方式和當時大多數的平裝本刊物相同，採用鐵絲平釘裝訂。此種裝訂為 1930 年代平裝本經常使用的手法，先在距離書脊約 0.5 公分處打釘固定內頁，然後以包含封面、書背與封底的整張紙包覆並於書脊處黏貼固定。《臺灣文學》創刊號由李石樵繪製封面，封面主圖以蝶花石斛蘭為主視覺物，僅以墨色線條勾勒，搭配上單色背景，畫面層次分明。雖然植物以墨線畫成，但透過深淺的墨色塗染莖與葉，呈現出有別於傳統中國

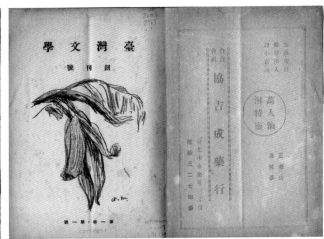

A	B

7《臺灣文學》創刊號

A 李石樵設計封面
B 多賀谷伊德設計扉頁
臺北：啟文社
1941 年 5 月
國立臺南藝術大學圖書館收藏

多賀谷伊德
生卒年不詳

黃宗葵
生卒年不詳

林房雄
本名後藤壽夫
1903–1975

水墨畫的現代感。淺綠色背景與黑色書法字體形成鮮明對比，讓「臺灣文學」書名成為視覺的焦點。書名以直書方式置中，這樣的設計應該是受到日本藝壇書籍裝幀設計的影響。而封面內作為扉繪的〈芭蕉〉，則是由畫家多賀谷伊德所繪，與封面的植物圖繪相呼應，風格採用博物圖繪的近景寫實畫風，物種取材也符合當時臺灣藝文界所追求的「地方色彩」。

商業化經營的《臺灣藝術》

接下來要介紹的《臺灣藝術》，也是日治時期臺灣文藝界重要的雜誌之一，於 1940 年 3 月由出版人黃宗葵個人創辦。該雜誌既不是任何官方機關雜誌，也未隸屬於任何特定團體。儘管文藝與藝術雜誌並非當時商業出版的主流，黃宗葵在寄給小說家及文學批評家林房雄的書信中，曾提及他「決定要商業化經營」的定位。因此，這本綜合性文化雜誌以商業誌形式發行，在當時的臺灣藝文界是較為罕見的嘗試。

與同時期其他臺灣藝文雜誌不同，《臺灣藝術》擁有大量的贊助會員，獲得可觀的贊助會費。每一期都會刊

載贊助會員的姓名與贊助份額，以許丙及辜振甫的 10 口贊助為首[*3]，其他如林攀龍、大日本製糖、鹽水港製糖、臺灣製糖則贊助 6 口；另有律師陳逸松、企業家及詩人陳逢源、張文環、山水亭、乾元藥行、明治製糖、林本源柏記、大東信託等贊助 5 口。《臺灣藝術》憑藉這些龐大的資金支援營運，還進一步規劃「特別會員」可以享有免費參加臺灣藝術社所舉辦的電影、戲劇、音樂會等招待，為人津津樂道。此外，從雜誌上的醒目廣告也反映出豐富的廣告收入，當時臺北市永樂町的乾元藥行等就是最大的贊助商。

《臺灣藝術》刊載文類涵括小說、隨筆、詩、評論、藝術家介紹、電影介紹、新劇、書籍等等，內容非常豐富。其中最具特色的是「漢文欄」，自 1937 年中日戰爭爆發以來，因政治因素和總督府的壓力，臺灣的報紙和雜誌逐漸停止刊載漢文，「漢文欄」已在出版界消失近三年。當時除了漢詩以外，臺灣人只能以日文發表作品，使臺灣文學界遭受限制，創作力大幅倒退。當時，其他漢文雜誌僅剩《風月報》(1937 年 7 月 20 日，每月發行兩次)和《南國文藝》(1941 年 12 月，出版創刊號即停刊)的發行得到許可，可是《臺灣藝術》一直到第 2 卷第 9 期(1941 年 8 月)都還看得到「漢文欄」。只是刊載漢詩的話，在當時尚不讓人意外，但《臺灣藝術》還連載李逸濤等人的小說、中文新詩、隨筆、小品等，在當時臺灣藝文界實屬罕見，成為該刊物的一大亮點。

《臺灣藝術》除了擁有眾多贊助者外，黃宗葵還邀請了江肖梅擔任總編輯，這也是雜誌成功的關鍵因素之一。江肖梅原本是一位公學校老師，他在《臺灣藝術》創刊 1 年半之後的 1941 年 9 月被延攬為總編輯。他曾在隨筆集《質軒墨滴》中提到，自己接下《臺灣藝術》總編輯職務後，

許丙
1891–1963

辜振甫
1917–2005

林攀龍
1901–1983

陳逸松
1907–2000

陳逢源
1893–1982

李逸濤
1876–1921

江肖梅
本名江尚文
1898–1966

*3 1 口 5 圓為普通會員，2 口以上為特別會員

逐步帶領刊物從虧損轉為盈利的過程：

> 在住吉公學校第9年的暑假，臺北的臺灣藝術社社長黃宗葵氏（中央大學畢業）透過蘇維熊的介紹專程來拜訪我，希望我成為月刊《臺灣藝術》的總編輯（之後為主筆）。

> ……［中略］……最初《臺灣藝術》的發行量每期不超過4000本，而且每月的退貨很多。但是自從我上任，絞盡腦汁去充實內容，另一方面到各地努力宣傳，舉辦座談會，後來便逐漸發展起來，每個月的銷售量節節上升，兩三年後翻到10倍以上，創造出每個月四萬多本的銷量。其間，我在忙碌的生活當中還特別抽空改編完成了「包公案」和「諸葛孔明」。

江肖梅後來在1943年9月20日《興南新聞》發表的〈苦心開拓未開發的處女地—從編輯的立場〉（未墾地の開拓に苦心—編輯者立場から）文章中又寫下他努力充實和推廣雜誌的工作心路歷程，以及出版理念：

> 前年九月轉換跑道，原本拿粉筆的手轉為握住「臺灣藝術」編輯的筆，當時非常沒有自信，整日苦惱著應該要怎麼做才好。原本我要面對的是天真無邪的國小學童，但後來要面對的對象卻截然不同，整日感到惴惴不安。我要面對的對象變成大學教授、小說家、畫家、音樂家、或是其他名人，並且必須向他們邀稿、邀畫，拜託他們出席座談會，剛開始時裹足不前顯得極為怯懦，但是隨著時間一久，原本小小的心臟也逐漸變強大了，如今就算是遇到什麼達官貴人，我也能夠平靜以

對，洽談公事之外還能有偷閑的餘裕。

……［中略］……雜誌的內容並不純粹是知識分子取向，但也不全然是大眾取向的東西。還有秉持著多賣一本也好的心態，為了讓讀者買得起，我們的定價也很便宜。而這些都是民營雜誌需要編輯和用心經營的所在。

這本雜誌不是專門性的雜誌，橫跨各界，既有適合知識階層的篇幅，也精心準備了適合大眾閱讀的內容。

江肖梅入職後，《臺灣藝術》在內容上更加追求大眾化和娛樂性，舉凡封面、照片、人物介紹、座談會與對談、採訪報導等豐富元素，吸引大批讀者的目光。在時局中，《臺灣藝術》也不可避免刊載符合國策的內容，留下可窺探當時社會多種面相的紀錄。封面初期多採用臺灣畫家如藍蔭鼎、楊三郎、郭雪湖、李石樵、簡錫棋、陳春德的作品，不久之後還有日本人畫家桑田喜好、鳥羽博也加入封面繪製的行列。特別值得一提的是，1940年6月發行的《臺灣藝術》當期主題聚焦「臺陽美術展覽會」（簡稱「臺陽展」），這一年，臺陽美協增設了東洋畫部。而該期特別邀請郭雪湖繪製封面圖，描繪以繩索綁在一起的白色百合花與紅色朱槿，或許象徵著臺陽美協西洋畫與東洋畫同心協力為提昇臺灣藝術向上的寓意。郭雪湖此作風格裝飾性強烈，大膽的色彩對比與乾淨背景更加突顯植物的象徵性。

簡錫棋
生卒年不詳

陳春德
1915–1947

桑田喜好
1910–1991

鳥羽博
生卒年不詳

* 4　《臺灣藝術》第2卷第10期以後，非宮田彌太朗的封面繪製紀錄：
顏水龍　　第3卷第6期 (1942年6月) 至第3卷第7期 (1942年7月)
小田部三平　第5卷第11期 (1944年11月) 至第6卷第4期 (1945年4月)
藍蔭鼎　　第6卷第6期 (1945年10月)

8 《臺灣藝術》

臺北：臺灣藝術社
1940 年 3 月至 1944 年 11 月
取自《清風似友 2024 年春臺北古書拍賣
會》圖錄，頁 112。攝影／楊雅棠，掃葉工
房提供

9 《臺灣藝術》

「臺陽展號」郭雪湖設計封面
臺北：臺灣藝術社
1940 年 6 月
中央研究院臺灣史研究所收藏
作者拍攝於 2024 年 4 月李梅樹紀念館

小田部三平
生卒年不詳

　　實際上，《臺灣藝術》從第 2 卷第 10 期（1941 年 10 月）
以後，封面繪圖幾乎都由宮田彌太朗（宮田晴光）負責[4]。
雖然中間也曾邀請顏水龍、小田部三平和藍蔭鼎繪製封
面，但大多期數封面都還是出自宮田彌太朗之手筆。他
畫的封面作品多以女性形象為題材，陳列在書店等處時
格外亮眼吸睛，很容易吸引大眾讀者的注意，也增強了
雜誌的市場銷售力。

　　臺灣藝術社表面上是以臺灣人為中心，並加入「內地
人」工作人員的日臺合作雜誌社，但其實廣田秀吉、冰
川清、大江山瀛濤、木村榮宏等人全部都是改名的臺灣
人。儘管當中的鶴田郁身分不明，但臺灣藝術社的臺灣
人主體性仍是值得關注的特點。

　　綜合來看，日治時期的書籍雜誌設計工作，多由畫
家擔任。當時許多臺灣知名畫家，不論是西洋畫家還是
東洋畫家，皆受到日本的藝術思潮影響，不僅進行藝術
創作，還投入封面、裝幀等美術工作，除了為雜誌繪製
封面，許多畫家還參與海報、小說插畫等的工作，這些
業務實際上也是畫家重要的經濟來源之一。

將純藝術精神融入應用設計

1

　　林玉山作為知名藝術家，雖然以繪畫聞名，但他在繪畫以外的藝文創作類型和工作經驗其實相當豐富。他不僅繪製過封面和設計裝幀，還涉獵海報設計和文學插畫等多個領域。然而，關於他在應用設計方面的貢獻，仍罕見受到關注與討論。實際上，林玉山可說是日治時期藝文界跨領域創作的代表性畫家之一，他多元的藝術養成背景，造就了他在現代藝術、民俗藝術與應用設計各方面豐碩的成果。

　　林玉山自幼協助家裡的裱畫店工作，跟隨出入的畫師學習，這使他得以頻繁接觸大量的傳統水墨與道釋畫作品，進而展現出他過人的繪畫天賦。1927年，他的畫作〈大南門〉等入選第一回臺展，因而以「臺展三少年」聞名於日治時期的臺灣畫壇。隨後，他的作品〈周濂溪〉

（1929 年）、〈蓮池〉（1930 年）相繼獲得第三回臺展特選與第四回臺展賞。從他參展得獎的作品中，我們可以看出林玉山的畫風與題材相當多元，他不僅擅長臺灣傳統裱畫店常見的道釋畫或歷史人物畫，還巧妙地融合了他在東京與京都學習日本畫時所吸收的藝術養分。

1930 年代後期，林玉山開始為許多海報和通俗小說繪製插畫。1935 年左右，林玉山受嘉義郡「蔗作改良評會」委託，繪製宣傳品〈蔗田〉。這件作品描繪了當時臺灣的農村生活，對觀者傳達甘蔗種植業作為重要經濟活動的訊息。在本書第 9 章，我們也曾談到在日治時期臺灣出產的經濟作物是臺灣經濟的重要支柱，而畫作中的農民和甘蔗田正代表著南進政策推動下強化農業增產的象徵。海報上在甘蔗田間衣著乾淨整潔的人物，雖帶有樣板感，但務農形象的臺灣人在常見的繪畫語彙裡，象徵的是對土地的深厚依附感。

這幅作品不僅反映了殖民時期臺灣農業發展的情景，也呈現出林玉山調和寫實主義與浪漫鄉土氣息的畫風，使作品在美麗精緻的賦彩畫面中富有人情味。農業題材在當時臺灣藝術家的創作裡，與文化認同緊密相連，也為後來探索本土美術風格的發展奠定了深遠的基礎。儘管這張海報原是為了配合官方獎勵生產政策而做的宣傳品，畫面中除了有南國意象的甘蔗外，背景的大林糖廠和高聳的煙囪，象徵著臺灣現代化的發展，但在圖像選材與構圖設計上，依然可見林玉山仍秉持著對藝術創作一絲不苟的態度。

林玉山、李石樵、郭雪湖等臺灣藝術家在商業美術創作活動中，純藝術的創作態度，讓人想起在本書第 2、3 章提到的橋口五葉、藤島武二等人。這些臺灣藝術家們對於 20 世紀初期日本藝壇重視商業美術和大眾美術的思潮，應該有一定的了解，並受到啟發。

除了創作東洋畫（日本畫）、海報、傳統道釋畫及歷史故事的人物畫外，林玉山在戰前也為許多臺灣文壇知名作家的長篇小說繪製插畫，尤其是 1930 年代徐坤泉創作的連載小說《新孟母》、《靈肉之道》與《可愛的仇人》等書最有特色。

林玉山的通俗小說插畫，如《新孟母》中的〈新婚旅行〉、〈舊雨重逢淚滿襟〉、〈由故鄉至香港〉等，顯示林玉山對透視法的熟捻運用。他以寫實的手法刻畫人物，並在光影變化的處理上，使畫中的人物和場景看起來更具層次與立體感。這些插圖不僅呈現了 1930 年代臺灣的旅行與都會文化，林玉山在人物心境的描繪中更注重構思，以構圖佈局營造敘事性，使每幅插畫呼應小說人物的特性，有其獨特的觀察與詮釋，增添了作品的情感與內涵。

2　2

徐坤泉
1907–1954
筆名阿 Q 之弟

【延伸閱讀】

· 林玉山,〈藝道話滄桑〉,《臺北文物》3 卷 4 期,1955 年 3 月,頁 76–84

· 曾曬淑,〈戰前林玉山的通俗小說插畫與現代性的體現〉,收錄於《現代性的媒介》,臺北:
  南天書局,2011,頁 145–225

· 黃琪惠,〈林玉山的實用美術;〈蔗作改良海報〉〉,收錄於《嘉邑故鄉:林玉山 110 紀念展》,
  嘉義:嘉義市文化局,2018,頁 19–25

1　林玉山受嘉義郡蔗作改良評會委託製作宣傳品　國立臺灣美術館收藏

2　林玉山繪製《新孟母》插畫〈舊雨重逢淚滿襟〉(左)、〈由故鄉至香港〉(右)　《風月報》
　　57 期 (1938 年),頁 20–21　國立臺灣圖書館收藏

歷史物語的再造

從 1937 年到 1945 年戰爭結束,臺灣文學界湧現了大量以中國古典歷史為底本、用日語改寫成現代小說的作品。隨著日語讀者群的擴大,日語讀書市場在臺灣逐漸成熟,文化界也興起一股「支那興趣」的風潮。雖然是處於同一股風潮,表面上都為了中日交流來譯寫,但是每一位譯寫者的動機並不一致。這股風潮最先是出現在報紙上,接續的是單行本的出版與雜誌連載出版,例如江肖梅在《臺灣藝術》上譯寫的〈諸葛孔明〉、〈包公案〉,以及黃得時自 1937 年起在《臺灣新民報》上連載的〈水滸傳〉(後於 1941 年由清水書店出版 6 卷本)。《水滸傳》自江戶時期便已在日本文壇流傳,至明治維新後又出現諸多版本的譯寫。而黃得時的譯寫版〈水滸傳〉中,官逼民反的內容被淡化,缺少了對民間疾苦的深入描繪,削弱了對日本殖民帝國的批判性,也減少了對擴張野心的反思力度。誠如學者張文薰所言:

> 歷史物語的再造書寫,往往具有重新設定自我
> 文化起源的指向意涵。戰爭期間歷史小說在臺灣
> 文壇的大量出現,也同時呈現了軍事力量所帶來
> 的版圖變動、秩序毀壞的混沌狀態中,內地人與
> 本島人尋取認同動機下的書寫慾望。

在這股風潮中,1943 年臺北盛興書店出版了楊逵譯寫的《三國志物語》。楊逵將中國古典歷史文學《三國志》

以現代語言改編成《三國志物語》，此書反映了臺灣社會在文化認同上的變遷，也展現出臺灣文學對於中國傳統文化的回歸與重新詮釋。改編譯本可以看到楊逵仍在探索並繼續朝提升大眾文學內涵與臺灣文化的夢想前進，延續了中國文化在臺灣的影響，也促進了歷史文學的普及。《三國志物語》一書由林之助負責封面設計與裝幀，內頁插畫則由林玉山以墨筆畫繪製，題字出自福建晉江出身、後隨家人移居鹿港，最後定居臺中的書畫家施壽柏之手。施壽柏的書法以漢魏碑體見長，《三國志物語》的題字便是融入了漢隸與魏碑風格，為此書增添了呼應時代背景的文化氣息。

負責此書裝幀的林之助出生於臺中，自幼家境富裕，12 歲前往日本求學，並考入武藏野美術大學習畫。他的作品〈朝涼〉入選 1940 年的「紀元 2600 年奉祝美術展覽會」，而 1943 年的〈好日〉則贏得了第六屆、也是最後一屆臺灣總督府美術展覽會（府展）總督賞的殊榮，這一項榮譽奠定了他在畫壇的地位。和林玉山等前輩一樣，林之助也在臺灣文壇的書籍裝幀上貢獻良多。從《三國志物語》一書，我們可以看到林之助在圖案的選用與裝幀設計的考量，應與當時「支那興趣」的時代風格有關。二十世紀初現代考古學從西方傳入中國，帶動中國考古學的發展，許多古文物出土，林之助仿照中國六朝石刻設計紋樣，背景採用幽靜沉穩的棕色調，使整體書籍帶有沉穩風格又具現代詩意。

不同於《三國志物語》的中國風元素，中島孤島譯編的《改訂西遊記》書衣設計雖然同樣由林之助負責，但其風格顯然受到桃山時代以豪放絢麗見稱的大師狩野永德之作〈唐獅子圖屏風〉啟發。《改訂西遊記》為平裝本裝幀，封面選用日本皇室收藏中的狩野派大和繪屏風畫進行構圖，並以單色線描呈現屏風右隻的唐獅子形象，簡

林之助
1917–2008

施壽柏
1893–1966

中島孤島
1878–1946

狩野永德
1543–1590

化了原作的色彩和部分身體紋樣，版面為單色印刷，有可能是當時戰爭物資緊張，印刷條件有所限制之故。西遊記故事在臺灣民間家喻戶曉，封面選用與故事無關的〈唐獅子圖屏風〉，或許受到中島孤島這位小說家與評論家的意見影響，如今詳情已不得而知。也可能是林之助或中島在當時時局的考量下，刻意選擇了這幅彰顯桃山時期武士文化中尚武精神的作品，以呼應日本天皇君臨天下的意涵。

在內頁插圖方面，不論是《三國志物語》或《改訂西遊記》，林玉山的繪製手法與他先前為連載小說《新孟母》創作的插畫完全不同。林玉山自幼於裱畫店成長，對中國傳統的道釋畫和神話、歷史故事瞭然於心，也對中國傳統通俗小說及相關的小說插圖有一定的認識。在這兩本歷史小說的插圖中，我們可以看到林玉山善於挑選代表性的情節，運用流暢的筆墨線條來描繪人物，營造出契合歷史情境的戲劇張力，增添小說中的視覺吸引力。林玉山的插圖不僅強烈吸引讀者的目光，且能緊密扣合故事內容，讓作品更容易被大眾接受。

這兩部小說作品的插畫呈現的特殊現象，正如學者河原功所指出，臺灣文學是一場具自主性的運動，但同時也深受日本和中國文學的影響，因此同時呈現出雙重文化特性。不僅文學如此，日治時期臺灣美術創作在與文學的互動中，也同樣顯現出這一現象。

206

在日治時期，日本現代思潮引入臺灣，參與臺灣的文學和藝術發展，促成了現代性元素的融入。林之助與林玉山的視覺藝術風格兼具東方傳統美學與西方現代藝術的特質，這兩位藝術家與文學家的跨界合作，也讓歷史小說的書籍編排與裝幀，成為文學與視覺藝術跨界合作的絕佳案例。

4	3
5	

【延伸閱讀】

· 中島孤島譯編，《改訂西遊記》，臺北：清水書店，1943

· 張文薰，〈1940 年代臺灣日語小說之成立與臺北帝國大學〉，《臺灣文學學報》19 期，2011 年 12 月，頁 99–131

· 楊逵著，《三國志物語（第二卷）》，臺北：盛興書店，1943

· 蔡文斌，〈中國古典小說在臺的日譯風潮 (1939–1944)〉，新竹：國立清華大學臺灣文學研究所碩士論文，2011

1　林之助裝幀　林玉山插畫　施壽柏題字　楊逵譯編，《三國志物語》第 2 卷，臺北：盛興出版部，1943 年　郭双富收藏

2　林之助裝幀　林玉山插畫　中島孤島譯編，《改訂西遊記》，臺北：清水書店，1943 年　郭双富收藏

3　狩野永德　〈唐獅子圖屏風〉右隻　16 世紀　紙本金地設色屏風　223.6×451.8 公分　皇居三之丸尚藏館收藏

4　林玉山繪製插圖〈追黃祖孫堅喪命〉　楊逵譯，《三國志物語》，臺北：盛興出版部，1943 年　郭双富收藏

5　林玉山繪製插圖〈孫悟空大亂地府〉　中島孤島譯編，《改訂西遊記》，臺北：清水書店，1943 年　郭双富收藏

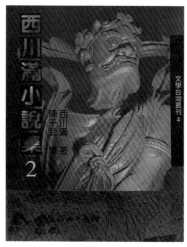

《西川滿小説集1》

西川滿 著
葉石濤 譯
高雄：春暉出版社
1997 年

《西川滿小説集2》

西川滿 著
陳千武 譯
高雄：春暉出版社
1997 年

總結章

感謝《臺灣文學史綱》及信函，刊行《西川滿小說集》
的建議，真的很難得，譯者又是有緣的你，非常高興。……
只是有個任性的願望，那便是雖不需要特別做成美麗的書；
但老實說，臺灣的出版品花費很多經費，卻多是庸俗不堪，
實在令人遺憾，因此由衷希望沒花費多少錢起碼也要做成
有個性，人人都想買的裝幀書籍才好。

──西川滿 〈致葉石濤函〉

收錄於西川滿著，葉石濤譯，《西川滿小說集 1》，高雄：春暉出版社，1997 年，頁 5

有關書籍裝幀設計的研究，在日本、歐美與中國一直佔有相當重要的地位，且有豐富的相關成果，歐美與日本對書籍裝幀藝術的重視，在本書前半部分已有基本介紹。在中國，因為受魯迅的提倡影響，自五四運動後，書籍裝幀逐漸受到政府與學校等相關單位的關注。從1950年代中期，中國中央工藝美術學院就設立了書籍裝幀專業，並從1959年起在北京等地舉辦了「全國書籍裝幀插圖展覽」等全國性的展覽。魯迅對書籍裝幀的熱愛，啟蒙自他在1902年至1909年留日期間，彼時正值明治時期日本藝文界對裝幀藝術的重視與蓬勃發展。

　　1998年，美國俄亥俄州州立大學藝術史學系教授安雅蘭在紐約古根漢美術館所策展的「危機的世紀：20世紀中國藝術的現代化及傳統」(A Century in Crisis: Modernity and Tradition in the Art of Twentieth-Century China) 展覽，將魯迅等人的書籍封面作品列為藝術展覽項目，而非僅以文獻看待。此展覽不但將書籍裝幀在藝術史研究中提升至藝術作品的地位，更突顯了20世紀書籍裝幀在中國藝壇的重要性。

　　相較於歐美、日本與中國，書籍裝幀相關的研究在臺灣仍是一塊「未開發的處女地」(引江肖梅語)。近代臺灣書籍裝幀設計的興起，與政治變遷、機械複製技術的進步以及東西方頻繁的交流等因素，有著環環相扣的關係。本書前十個章節以點、線、面的方式逐步探討，希望透過書籍裝幀在用紙、裝訂、編排、插圖，甚至編輯等各種面向，帶領讀者們一窺書籍裝幀在近代文化交流與物質文化史中所扮演的角色。

　　在日治時期，因西川滿、張星建與殖民政府多方面的努力與推動，臺灣本地藝術家如李石樵、林玉山、林之助等人也積極投入書籍裝幀設計，而此藝術風氣也延續到戰後初期國民政府接收臺灣後的文化界。例如，林

魯迅
1881–1936

安雅蘭
Julia F. Andrews

俄亥俄州州立大學
The Ohio State University

紐約古根漢美術館
Guggenheim Museum,
New York

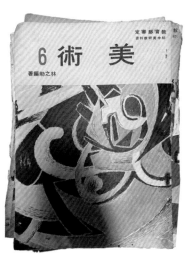

| 2 | 1 | 1 |

1 《美術6》

林之助設計封面與內頁
林之助編著
臺北:青龍出版社
1966 年
郭双富收藏

2 教學用美術工作
掛圖

藍蔭鼎、陳慧坤編製
郭双富收藏

陳慧坤
1907–2011

黃君璧
1898–1991

之助受教育部委託編著了一套初中教科書《美術》(全 6 冊),他不但親自繪製封面,還編寫教案內容。教科書的封面設計以幾何形體和線條構成,展現色彩與造型的變化節奏,成為他 1960 年代的設計代表風格。此外,藍蔭鼎和陳慧坤也曾受邀為臺灣省教育會繪製《教學用美術工作掛圖》等教具。

　　戰後,林玉山受大陸來臺畫家黃君璧之邀請,任教於臺灣省立師範學院(今國立臺灣師範大學,以下簡稱師大)藝術系,致力於水墨畫教學。除了在大學的教學工作外,我們從現藏於國立臺灣美術館的一套草稿收藏中可知,林玉山還曾繪製過一部名為《兒童繪本 禽類篇》的書籍。雖然這部作品僅存草圖,且年代不詳,但極可能也是戰後為臺灣省教育會等公部門委託所編著與繪製的書籍。這部繪本不僅展現了林玉山自日治時期以來對寫生與技法的堅持,還可以感受到他相當重視要藉由藝術設計參與兒童教育的用心。繪本不僅以活潑豐富的圖繪介紹鳥類,還以巧妙的構圖結合自然景觀與人物互動,成為繪本作品的一大亮點。此外,從現存的線稿也可見林玉山特意為兒童讀者精心設計了易讀易懂的內頁圖文版面,充分反映出臺灣藝術家在戰前養成的書籍裝幀美

學與觀念，以及希望以藝術作為社會實踐方法的精神，在戰後仍持續透過這些創作傳遞下去。

　　除了林玉山、林之助、陳慧坤和藍蔭鼎外，楊英風也是戰後初期在封面設計與插畫創作中扮演相當重要角色的藝術家。眾所周知，楊英風在藝術成就上以雕塑揚名國際，但較少人知曉的是，他的藝術生涯其實是從商業美術開始的。楊英風在 20 歲以前成長於日本殖民下的宜蘭，並接受日式教育。1940 年，長年居住在中國東北和北平（現之北京）的父母將他接往北平；1947 年，楊英風奉命回臺灣與表姊李定完婚。因為國共內戰之故，楊英風再沒能回到北平，也與父母從此天人永隔。

　　1951 年，楊英風因為經濟因素，從師大藝術系輟學。同年，受其宜蘭同鄉藍蔭鼎之邀，進入由中國農村復興委員會[*1]和美國新聞處等單位合辦的「豐年社」，擔任《豐年》半月刊的美術編輯。《豐年》半月刊於 1951 年 7 月

3　《兒童繪本-禽類篇》草圖

林玉山
年代不詳　25.5×18.2 公分
國立臺灣美術館收藏

楊英風
1926–1997

---

* 1　中國農村復興委員會的起源，最早可追溯至國民政府北伐後先後設置的農礦部、農林部。嗣後因國共內戰爆發，行政院於 1949 年進行內閣部門改組，農林部遭到縮編，被併入新置之經濟部，後隨中央政府各部門遷往臺灣。今已改組為行政院農業委員會。

4 《豐年》第5卷第13
期封面〈霞海城煌誕
生〉

楊英風繪製
1955年7月1日
國立臺灣圖書館收藏

5 〈間作〉

楊英風
1952年
29×21公分
紙本木刻版畫
楊英風藝術基金會收藏

15日創刊,由藍蔭鼎擔任社長。在「豐年社」工作的11年期間,楊英風不但為各期《豐年》設計封面,還發表了眾多的版畫、水墨畫、漫畫和插圖等創作。

楊英風為《豐年》所繪製的作品多與現實生活緊密結合,因此受到廣大民眾歡迎。其中一個具體例子是第5卷第13期以彩墨繪成的封面〈霞海城煌誕生〉。該期雜誌推出後深受讀者喜愛,以致《豐年》在次期刊登了以下啟事:

> 本刊七月一日出版第五卷第十三期的封面(霞海城煌誕辰),頗受一般讀者歡迎,紛紛來函索取要求購買。茲為報答讀者雅意,另印單印封面一千張免費奉送讀者。

豐年社特別將封面單張加印一千份,免費贈送讀者,由此創舉更具體可見楊英風的作品在當時深受大眾矚目與喜愛的盛況。

楊英風的封面設計或插圖幾乎都是他在臺灣各地親

身田野調查後，以畫筆或雕刻刀將觀察所得記錄下來的作品。在「豐年社」創辦初期，因為工作關係，楊英風和藍蔭鼎每個月都需要下鄉一次，每次在鄉間要待上至少半個月。正因如此，楊英風在 1950 至 60 年代的創作大多是以寫實主義為基礎，題材多與臺灣土地和農村生活緊密結合。以 1952 年的〈間作〉為例，這件版畫真實地再現了農村收割時的繁忙景象，其粗獷的線條更生動刻畫出稻草桿的質感。而楊英風早期的木刻版畫風格，很可能與他在北平時期受到由魯迅推動的中國木刻版畫運動的經驗有關。

因為「豐年社」的薪資相當優渥，楊英風在該社擔任美術編輯前後長達 11 年之久。1961 年，楊英風受委託製作日月潭教師會館的兩大片浮雕，因而被借調 3 個月。在此期間，他發現「藝術家同時擔任公教人員是不行的，非全部時間製作藝術不可。」於是他毅然辭去了「豐年」的職務，也才有機會開啟了日後享譽國際的藝術生涯。

戰後初期的臺灣書籍裝幀藝術，仍顯現出日治時期觀念的延續，但其後榮景不再。後續發展又有更多複雜的狀況必須仔細檢視與討論，範疇過於龐大，因此本書決定姑且停在這個時間點，期待日後更多有志者一起繼續深入討論與完善這塊尚且模糊而未細膩釐清過的研究領域。

崛口大學在 1940 年代曾稱譽過「美麗的書來自臺北」，誕生自臺灣社會的書籍裝幀，令人意想不到，也絲毫不遜色於東京裝幀家的手藝。當 1996 年葉石濤等人計畫翻譯與刊行《西川滿小說集》時，於日本安養晚年的西川滿寫了一封信給葉石濤，信中表達了對葉石濤及其相贈《臺灣文學史綱》的感謝，並對葉石濤計畫要刊行出版他的《西川滿小說集》深表欣喜。然而，他也提出了一個直白而語重心長的心願，那就是希望書籍裝幀雖不需

葉石濤
1925–2008

6 《第五回帝國美術院
美術展覽會圖錄西
洋畫之部》

1942 年
哈佛大學燕京圖書館收藏

追求華麗，但應避免時下臺灣出版品普遍耗費大量經費卻又做得很庸俗的情況。他期待這本書能夠以低成本呈現獨特個性，讓人想購買、欣賞。

由此可見，西川滿對於他在臺灣長達四十年對書籍裝幀藝術的耕耘與碩果，戰後卻因為時代變遷而不復存在的狀況感到失望。一般大眾甚至學界普遍將書籍視為「文獻」，僅停留在關注文字內容與史料的價值。當筆者在進行田野調查，追索這些美麗的作品時，常常因為圖書館目錄向來只會登錄作者與出版社的訊息，總是缺乏記錄裝幀設計者的資料，而陷入「大海撈針」的困境。更令人遺憾的是，非常多的書籍因為被視為「文獻」，藝術家精心設計的封面或裝幀經常被圖書館員刻意拆掉重新統一裝訂，增加了在搜尋資料與重建裝幀藝術史的挑戰。

過去，有關書籍裝幀的研究，多停留在紙上談兵的階段。為了讓大眾和學界對書籍裝幀有更深入認識，筆者曾先後籌辦過四次書籍裝幀的展覽。2011 年 5 月，在國立臺南藝術大學（以下簡稱南藝大）圖書館策畫了「面面俱到：近現代書籍裝幀藝術展」，該展是透過南藝大的圖書館特藏及私人收藏，以實物展示和課程成果呈現西方裝幀的工序與工法，對觀眾展示近代東西方書籍裝幀的特色。

2012 年 5 月，在國立臺灣圖書館（前國立中央圖書

書籍製作
步驟

西方書籍製作步驟畫面
書籍的裝訂大致可以分為以下幾個步驟：

A

B

7 「面面俱到-近現代書籍
裝幀藝術展」

A 西方書籍製作步驟
國立臺南藝術大學展場說明
展期：2011 年 5 月 26 日至 6 月
23 日

B 國立臺灣圖書館展場一隅
展期： 2012 年 12 月 25 日至
2013 年 6 月 30 日

館臺灣分館）前館長陳雪玉博士和徐美文女士的邀請下，
筆者為該館策畫了「面面俱到：近現代書籍裝幀藝術展」。
與前一次在南藝大的展覽名稱雖然相同，但展出內容與
展場動線的呈現則有很大的調整。於臺灣圖書館策展時，
主要著重呈現該館的日治時期文學與人類學特藏，並結
合「圖書醫院」修護書籍的成果，在選件與展出方式也更
關注跨界和文化交流的呈現。

2019 年 10 月，在國立臺灣文學館前館長蘇碩斌教
授的大力協助下，於該館策辦了「無巧不成書：裝幀易
容的旅程」展覽（以下簡稱「無巧不成書」）。與過去兩次
展覽聚焦於近現代書籍裝幀不同，「無巧不成書」一展旨
在呈現書籍從上古到當代的演變，並探討背後的物質文
化與社會意義。且為了增進大眾對書籍裝幀結構的理解，
展覽除了展示書籍的「封面」、「扉頁」、「插畫」等作品外，
還舉辦了四場工作坊：「古代書籍裝幀形式工作坊」、「西

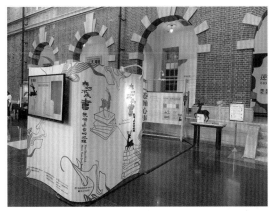

川滿文創論」、「線裝書的製作與紙質保護論壇」、「童心
印記手作工作坊：穿越千年之美——傳統與現代的對話
（畫）」，讓觀眾透過實務運作了解書籍製作的過程，以
及深入理解裝幀藝術的文化價值。

2022 年 2 月至 4 月，在臺南市美術館前館長林育淳
館長的支持下，筆者於一館籌辦「幻。畫：繪本的奇異
世界」展覽。此展覽不僅展出了在本書第 4 章所提到的「畫
家之本」（livre d'artiste）、「豪華本」（édition de luxe），以
及第 8 章中提到的西川滿的限定本《繪本桃太郎》，更從
日本、法國、澳洲等地向畫家借出插畫原跡作品連同繪
本一起展出，讓觀眾有機會欣賞和了解一本書籍在出版

過程中的變化軌跡，以及看見畫家在創作出插畫作品後，經過出版，產生了哪些被物質編排轉換後的不同感受。透過這些展覽，希望讓觀眾認識到書籍不僅僅是文字的載體，也是一件藝術品。

　　本書也希望透過探討書籍裝幀，重新引導讀者思考裝幀設計作為藝術與生活交匯點的意義，感受它在視覺文化中的特殊性。同時，藉由回顧與揭示曾在臺灣土地上所發生的東西裝幀文化交流的經驗，探索早期書籍裝幀藝術的發展歷程，進一步為臺灣藝術史注入多元且動態的視野，期待讀者也能更加體會到藝術在文化塑造與社會實踐中的多重角色及重要價值。

後記

　　對於一頭栽入書籍裝幀藝術的研究，這真是一條孤獨的漫漫長路。記得 1997 年當時我升博士二年級的暑假時，因為有幸參與安雅蘭教授 (Prof. Julia Andrews) 及沈揆一教授帶領美、加研究生到上海、杭州兩周密集的中國現代書畫移地教學 (Modern Chinese Painting and Calligraphy On-site Seminar, 確切名稱已忘記)，那兩周每天上午進上海博物館、浙江省博物館、潘天壽美術館等庫房看作品，下午由當地的教授為我們上有關近代中國書畫的鑑定等課程，晚上回到宿舍後兩位教授又密集的帶領我們討論作品，那是一次終生難忘也影響我學術生涯至深的移地教學。也就在那次的課程中，我第一次親眼看到了豐子愷為《護生畫集》所繪製的畫稿，並被其穩重沉著的線條筆觸及深具人道主義的作品所感動。弘一大師在給豐子愷有關《護生畫集》的信中曾寫道：

> 畫集雖應用中國紙印，但表紙仍不妨用西洋之圖案畫，以二色或三色印之。至於用線穿打，擬用日本式，即是此種之式，係用線索結紐者，與中國佛經之穿訂法不同。

　　因為這次的機緣，我的博士論文〈豐子愷與開明書局：中國 20 世紀初的大眾藝術〉（*Feng Zikai's Art and the Kaiming Book Company: Art for the People in early Twentieth Century China*）得以聚焦在以豐子愷為主的師友圈們，探討當時的藝術家在中國新興的科技與出版業（如開明書店等）崛起時，如何利用新技術與市場來進行藝術與相關理念的推廣。《護生畫集》中的插畫與相關裝幀，可以說是開啟了我對書籍裝幀認識的第一道窗。而

1998 年安雅蘭教授在美國古根漢美術館所策劃的「危機
的世紀：二十世紀中國藝術的現代化及傳統」展覽，其
將魯迅等人的書籍封面作品列為藝術展覽項目，更是給
了我對書籍不同視野的新理解。

　　2003 年回臺教書時，記得當時我每次跟藝術史朋友
提「書籍裝幀」一詞時，大家都對此名詞感到陌生。後來
到了樹德科技大學視覺傳達設計系任教，才發現知音原
來是在設計系而非藝術史學系。在視覺傳達設計系，我
看到學生們如何在「設計專題」等的課堂中設計出一本美
麗的書，但比較可惜的是，設計系所的學生大多是專注
在創作，對於史料整理研究有興趣者算是麟毛鳳角。也
因為在設計系教書五年之故，我的研究就從豐子愷延續
到二十世紀初中國的書籍裝幀發展，研究對象包括李叔
同（即後來的弘一大師）、陳之佛、張光宇等人。幾經波
折，相關研究〈移動的美術館：20 世紀初中國的書籍裝
幀設計與商業美術〉最終在《文化研究》刊出。為什麼說
幾經波折呢？猶記得當初投稿到某學報，被拒絕的理由
是「書籍裝幀設計不是美術史的範圍」，所以被退回；而
同樣的狀況，又發生在我多年後投稿〈日治時期臺灣的
書籍裝幀藝術：以西川滿為例〉一文到同樣的學報。原
本想說臺灣學界應該對書籍裝幀有進一步的認識了，結
果發現是我自我感覺太良好了。

　　2011 年 10 月，因為林保堯教授的照顧，我得以有
機會在國立臺北藝術大學舉行的「百年雕塑：楊英風藝
術及其時代國際學術研討會」發表論文，為了尋找題目，
我才發現楊英風在 1950 年代為《豐年》雜誌創作了好多
封面和插畫，這也是我後來〈被遺忘的一頁——楊英風
與早期臺灣美術設計作品：以《豐年》為例〉一文發表的
契機。2012 年，因為受國立臺灣圖書館邀請策畫「面面
俱到 - 近現代書籍裝幀藝術展」，在開幕時認識了當時仍

是真理大學麻豆校區臺灣文學資料館名譽館長張良澤教授和助理方冠茹小姐。這次和張老師及冠茹的相遇，也開啟了我日後對西川滿及近代日本書籍裝幀研究的「不歸路」。在此要特別感謝張良澤老師、高坂嘉玲老師和冠茹，一路以來對我研究慷慨的支持和日文的協助。

除了張良澤老師外，在此還要感謝林磐聳教授，其在臺灣設計口驚人的收藏，豐富了本書撰寫的內容。特別要提的是，林老師不藏私與信任地讓我借走其收藏回臺南整理掃描，更是讓我深深感受到一位真正的大師對後輩寬厚與無限度的照顧。林老師不僅將其收藏捐贈給臺灣設計口，提供全臺師生一個參觀與研究的窗口，其更成立「臺灣設計研究獎」專戶基金，為設計開啟更多元的對話，鼓勵更多人加入設計史的相關研究，讓我感到不再孤獨。

另一位我要感謝的收藏家是郭双富先生。2020 年，因為執行臺南市美術館委託的「《臺灣藝文志：以美術為核心》第一階段：清代：物質、觀覽與文化書寫——從清季流寓畫家謝琯樵看水墨畫在臺灣、中國與東亞世界的流動與意義」研究，在東海大學學長邱正略教授的引介下，成了郭双富先生家經常造訪的常客。郭大哥也是臺灣重要的收藏家之一，感謝他和大嫂每次在我造訪霧峰時熱情的招待和翻箱倒櫃為我找出想看的文物或作品，甚至親自拍攝照片傳給遠在美國做研究的我。

在撰寫這本書的過程中，要特別感謝學友王淑津、黃琪惠不斷的提供相關意見與資料給我，感謝妳們一路溫暖的鼓勵與打氣。再者，更要對出版社責任編輯余玉琦小姐致上我最深的謝意，感謝您提供許多寶貴的專業意見及對文稿的修改，讓這本書更親民及具可讀性。

從 2003 年博士畢業至今，這二十多年來我在與書籍裝幀藝術共舞的同時，也一直保持著對文化資產、水墨

畫等「純藝術」研究的熱愛。雖然我在這二十年間曾辦了四次相關展覽，也在期刊上陸續發表了一些論文，但對書籍裝幀藝術認識的人還是很少，學術研究更是小眾。衷心希望透過這本書的出版，能夠引起更多人對書籍裝幀藝術的認識與關注，甚至加入研究的行列。

最後，我要謝謝我家人一直以來的支持，謝謝先生陳益華全心全力協助照顧年幼的女兒，讓我無後顧之憂。在此更要透過此書跟女兒 Susan 致謝與致歉，對於常常缺席妳成長過程的媽媽，對妳的愛從來沒少過，妳一直是我的精神支柱，這本書也獻給最摯愛的妳。

致謝

　　感謝以下各機關單位與個人，對作者撰寫與出版本書的協助。（按首字筆畫順序排列）

　　千葉市美術館、中央研究院臺灣史研究所檔案館、中央研究院歷史語言研究所、北投文物館（財團法人福祿文化基金會）、早稻田大學圖書館、李石樵美術館、奈良縣立美術館、東京印刷博物館、東京美術、柿衞文庫、皇居三之丸尚藏館、株式會社港屋、真理大學臺灣文學資料館、神奈川近代文學館、國立政治大學圖書館、國立臺南藝術大學圖書館、國立臺灣文學館、國立臺灣美術館、國立臺灣圖書館、國立臺灣歷史博物館、掃葉工坊、創價美術館、楊三郎美術館、楊英風藝術教育基金會、鼎廬文化藝術基金會、臺北市立美術館、臺灣設計口、橫濱港博物館

　　方冠茹、王文萱、王淑津、西山純子、西川潮、吳國豪、林磐聳、柯輝煌、洪侃、洪建楷、洪陳端姿、孫淳美、徐美文、高坂嘉玲、張良澤、郭双富、陳宜柳、黃琪惠、黃震南、葉仲霖、遊佐典枝、劉夏泱、劉庭彰、劉榕峻、潘青林、賴嘉偉、謝宜君、藍麗霞

參考文獻

Chapter 1

1　蔡美蒨等編,《本事:圖書維護小事典》,臺北縣:國立中央圖書館臺灣分館,2010
2　謝鶯興,〈古籍的外衣——函套〉,《東海大學圖書館館訊新62期》46期,頁38-47

Chapter 2

1　三輪英夫,《黑田清輝·藤島武二》,東京:集英社,1987
2　王秀雄,《日本美術史》,臺北:國立歷史博物館,2000
3　石川桂子等編,《竹久夢二のおしゃれ読本》,東京:河出書房新社,2005
4　匠秀夫,《近代日本の美術と文学:明治大正昭和の挿絵》,東京:木耳社,1979
5　竹原あき子、森山明子監修,《カラー版 日本デザイン史》,東京:美術出版社,2003
6　西野嘉章著,王淑儀譯,《裝釘考》,臺北:國立臺灣大學出版中心,2013
7　西槙偉,〈中国新文化運動の源流:李叔同の『音楽小雑誌』と明治日本〉,《比較文学》(日本比較文学会)38卷,1996年3月,頁62-75
8　東京美術學校編輯,《東京美術學校一覽》,東京:東京美術學校,1939
9　林磐聳,〈「設計」相關專業詞彙的思辨〉,《藝術家》第582期,2023年11月,頁126-130
10　茂呂美耶,《明治日本:含苞初綻的新時代、新女性》,臺北:遠流出版公司,2014
11　福澤諭吉著,黃玉燕譯,《勸學》,臺北:聯合文學出版社股份有限公司,2003
12　磯崎康彥、吉田千鶴子,《東京美術学校の歷史》,大阪:日本文教出版,1977
13　Mason, Penelope E. *History of Japanese Art*. New York:Abrams, 1993
14　Takashima, Shuji. "Eastern and Western Dynamics in the Development of Western-style Oil Painting during the Meiji Era." In *Paris in Japan: The Japanese Encounter with European Painting*. Eds. Shuji Takashina, Thomas J. Rimer, Gerald D. Bolas. Tokyo: Japan Foundation; St. Louis: Washington University, 1987. p. 21-31

Chapter 3

1　大貫伸樹,《裝丁探索》,東京:平凡社,2003
2　小倉忠夫編集,《日本水彩画名作全集3:竹久夢二》,東京:第一法規出版,1982
3　川畑直道,《紙上のモダニズム 1920-1930年代日本のグラフイック・デザイン》,東京:六耀社,2003
4　王文萱,《竹久夢二 Takehisa Yumeji:日本大正浪漫代言人與形塑日系美學的「夢二式藝術」》,臺北:積木文化出版,2021

5　出口智之著，范麗雅譯，〈第二期《新小說》上的文學與繪畫：卷頭畫與插畫的戰略與束縛〉，《藝術觀點》第 82 號，2020 年 7 月，頁 28-34

6　布魯克菲爾著，謝儀霏譯，《書寫的故事》，臺北：貓頭鷹出版社，2006

7　石川桂子等編，《竹久夢二のおしゃれ讀本》，東京：河出書房新社，2005

8　西川純子，《橋口五葉：裝飾への情熱》，東京：東京美術，2015

9　尾形國治編著，《「新小說」：解說，總目次，索引》，東京：不二出版，1985

10　松岡佳世，〈フランスの挿画本文化と藤田〉，收錄於西宮市大谷紀念美術館等編，《没後 50 年藤田嗣治本のしごと：文字を裝う絵の世界》，東京：株式會社キュレイターズ，2018，頁 306-308

11　林素幸著，陳軍譯，《豐子愷與開明書店：中國 20 世紀初的大眾藝術》，西安：太白文藝出版社，2008

12　阿部出版編，〈特集：鏑木清方口絵美人画の世界〉，《版画芸術》（阿部出版）148 期，2010 年 1 月，頁 10-43

13　姬路市立美術館‧印刷博物館編，《大正レトロ‧昭和モダン広告ポスターの世界》，東京：国書刊行会，2007

14　Sen, Katayama. *The Labor Movement in Japan.* Chicago: Charles H. Kerr & Company, 1918

Chapter 4

1　小倉忠夫，相賀徹夫編，《原色現代日本の美術第 11 卷版畫》，東京：小学館，1978

2　戈思明主編，《藝術家的書：從馬諦斯到當代藝術》，臺北：國立歷史博物館，2007

3　日本近代文学館，《生誕百年武者小路實篤と白樺美術展》，東京：西武美術館，1984

4　安徒生著，石琴娥譯，《安徒生童話》，北京：中國畫報出版社，2012

5　安徒生著，莎賓娜‧弗利德利森（Sabine Friedrichson）繪圖，林敏雄譯，《安徒生：為孩子說故事的人》，臺北：遠見天下文化出版股份有限公司，2016

6　西宮市大谷紀念美術館等編，《没後 50 年藤田嗣治本のしごと：文字を裝う絵の世界》，東京：株式會社キュレイターズ，2018

7　岡本祐美等，《近代日本版画の見かた》，東京：東京美術，2004

8　松岡佳世，〈フランスの挿画本文化と藤田〉，收錄於西宮市大谷紀念美術館等編，《没後 50 年藤田嗣治本のしごと－文字を裝う絵の世界》，頁 306-308

9　林曼麗總編輯，《日本近代洋畫大展》，臺北：臺北教育大學 MoNTUE 北師美術館，2017

10　桑原三郎，〈日本兒童文学におけるアンデルセン〉，收錄於高橋洋二編集、松居直監修，《別冊太陽：童話の王樣アンデルセン》，東京：平凡社，2000，頁 145-147

11　神林恆道著，龔詩文譯，《東亞美學前史：重尋日本近代審美意識》，臺北：典藏藝術家庭，2007

12　馬丁‧萊恩斯著，胡宗香、魏靖儀、查修傑譯，《書的演化史》，新北：大石國際文化，2016

13　高橋洋二編集、松居直監修，《童話の王樣アンデルセン》，東京：平凡社，2000

14　堀江あき子、谷口朋子編，《ドこどもパラダイス：1920-30 年代絵雑誌に見る‧

　キッズらいふ》，東京：河出書房新社，2005

15 張家瑀，《版畫創作藝術》，臺北：國立臺灣藝術教育館，2001

16 楊雅琲，〈吉光殘影：初探李樺色刷版畫作品中的日本影響〉，《議藝份子》
　 13 期，2009 年 9 月，頁 227-237

Chapter 5

1 　川平朝申，〈藍蔭鼎論〉，《臺灣時報》1936 年（邱彩虹譯，《藝術家》42 期，
　 1996 年 1 月，頁 334-335）

2 　王淑津，《南國‧虹霓‧鹽月桃甫》，臺北：雄獅圖書股份有限公司，2009

3 　北辰，〈成功者的孤影—藍蔭鼎的生涯與藝術〉，《藝術家》46 期，1979 年
　 3 月，頁 23-27

4 　石川欽一郎，〈臺灣風景の鑑賞〉，《臺灣時報》1926 年（林皎碧譯，《藝術家》
　 252 期，1995 年，頁 290-293）

5 　池田敏雄，〈臺灣關係の書物の裝幀を見る（二）裝幀批判〉，《臺灣日日新報》
　 1938 年 1 月 12 日，版 6

6 　吳文星，〈長嶺林三郎與臺灣近代牛畜改良事業之展開〉，《臺灣學研究》18
　 期，2015 年 12 月，頁 1-16

7 　吳世全，《藍蔭鼎傳》，南投：臺灣省文獻委員會，1998

8 　巫佩蓉，〈二十世紀初西洋眼光中的文人畫：費諾羅莎的理解與誤解〉，《藝
　 術學》第 10 期，2012 年 5 月，頁 87-132

9 　李志銘，《裝幀臺灣：臺灣現代書籍設計的誕生》，臺北：聯經出版事業有
　 限公司，2011

10 林柏亭，〈臺灣東洋畫的興起與臺、府展〉、〈日據時期臺灣的畫會活動〉，
　 收錄於行政院文化建設委員會，《何謂臺灣？近代臺灣美術與文化認同論文
　 集》，臺北：行政院文化建設委員會，1997，頁 230-246

11 林素幸，〈飛越藩籬：蔡草如筆墨世界之探討〉，《成大歷史學報》第 52 號，
　 2017 年 6 月，頁 87-137

12 林曼麗，〈日治時期的社會文化機制與臺灣美術教育近代化過程之研究〉，
　 收錄於行政院文化建設委員會，《何謂臺灣？近代臺灣美術與文化認同論文
　 集》，頁 162-199

13 施翠峰，〈歌頌真善美的畫家‧藍蔭鼎〉《雄獅美術》108 期，1980 年 2 月，
　 頁 10-37

14 國立中央圖書館臺灣分館編，李玉瑾主編，《典藏臺灣記憶：2009 館藏臺灣
　 學研究書展專輯》，臺北縣：臺灣分館，2009

15 張家禎，〈中西伊之助臺灣旅行籍書寫之研究：兼論 1937 年前後日本旅臺
　 作家的臺灣象〉，臺中：靜宜大學臺灣文學系碩士論文，2011

16 許武勇，〈鹽月桃甫與自由主義思想〉，《藝術家》8 期，1976 年 1 月，頁
　 72-75

17 郭明亮、葉俊麟，《一九三〇年代的臺灣：臺灣的第一次黃金時代》，臺北：
　 博揚文化，2004

18 陳文之，〈《生蕃傳說集》與《原語臺灣高山族傳說集》之研究〉，花蓮：國
　 立東華大學中國語文學系博士論文，2015

19 黃光男，《鄉情‧美學‧藍蔭鼎》，臺北：藝術家出版社，2011

20 葉仲霖，〈從臺灣日治時期書籍裝幀試析原住民族圖像之發展〉，未刊稿

21 臺北高等學校校友會編，河原功解題，《翔風》第 1-26 號，臺北：南天書局
　 有限公司；國立臺灣師範大學出版中心，2012

22 臺灣創價學會文化總局編輯，《世紀的容顏：臺灣百年美術設計發展暨文獻

展》，臺北：財團法人創價文教基金會，2023

23 劉曉路，〈大村西崖和陳師曾：近代為文人畫復興的兩個異國苦鬥者〉，《故宮學術季刊》15 卷 3 期，1998 春，頁 115-128+左 7

24 謝世英，〈日治臺展新南畫與地方色彩：大東亞框架下的臺灣文化認同〉，《藝術學》第 10 期，2012 年 5 月，頁 133-196+207-208

25 顏娟英，《水彩·紫瀾·石川欽一郎》，臺北：雄獅圖書股份有限公司，2005

26 Conant, Ellen P.; in collaboration with Steven D. Owyoung, J. Thomas Rimer. *Nihonga : transcending the past : Japanese-style painting, 1868-1968.* St. Louis, Mo. : St. Louis Art Museum ; [Tokyo] : Japan Foundation, c1995

27 Gray, Louis Herbert; Monaghan, Patricia; Scott, James George. *The myrhollogy of all races.* Vol 6. Boston, Marshall Jones company, 1912

28 Wong, Aida-Yuen. "A New Life for Literati Painting in the Early Twentieth Century: Eastern Art and Modernity, a Transcultural Narrative," *Artibus Asiae* 60.2. 2000: 279-326

Chapter 6

1 山中樵，〈六十七と兩采風圖〉，《愛書》第 2 輯，1934 年 8 月，頁 2-20

2 川上澄生，〈裝幀雜感〉，《愛書》第 4 輯，1935 年 9 月，頁 28-33

3 川賴千春，〈日治時期臺灣藏書票的發展〉，《文學臺灣》70 期夏季號，高雄：文學臺灣雜誌社，2009，頁 33-75

4 中島利郎 (1995)，許佳璇譯，〈西川滿與日本殖民地時代的臺灣文學——西川滿的文學觀〉，收錄於吳佩珍主編，《中心到邊陲的重軌與分軌：日本帝國與臺灣文學·文化研究（上）》，臺北：國立臺灣大學出版中心，2012，頁 307-340

5 中島利郎，〈「西川滿」備忘錄——西川滿研究之現狀〉，收錄於黃英哲編，涂翠花譯，《臺灣文學研究在日本》，臺北：前衛出版社，1994，頁 109-133

6 王行恭，〈限定版鬼才西川滿和他的臺灣風裝幀藝術〉，收錄於《西川滿大展展覽手冊》，新北：國立中央圖書館臺灣分館，2011，頁 13-21

7 甘文芳等著，黃英哲主編，《日治時期臺灣文藝評論集·雜誌篇》，冊 4，臺南：國家臺灣文學館籌備處，2006

8 西川滿，〈日孝山房童筆〉，《愛書》第 2 輯，1934 年 8 月，頁 158-168

9 西川滿，〈美しい本〉，《愛書》第 3 輯，1934 年 12 月，頁 75

10 西川滿，〈詩と裝幀〉，《愛書》第 4 輯，1935 年 9 月，頁 48-49

11 西川滿，〈わたくしの本〉，《季刊銀花》23 號，1975 年，頁 121-128

12 西川滿著，葉石濤譯，《西川滿小說集 1》，高雄：春暉出版社，1997

13 李品寬，〈日治時期「臺灣愛書會」之研究〉，《臺灣文獻》60 卷 2 期，2009 年 6 月，頁 203-235

14 岡本祐美等著，《近代日本版画の見かた》，東京：東京美術，2004

15 林素幸，〈飛越藩籬：蔡草如筆墨世界之探討〉，《成大歷史學報》52 號，2017 年 6 月，頁 87-137

16 林素幸，〈二十世紀初日本、臺灣與法國文藝世界的往來：以西川滿的書籍裝幀為例〉，收錄於國立臺灣文學館、西川潤等撰文，《華麗島·臺灣——西川滿系列展覽專輯》，臺南：國立臺灣文學館，2019，頁 36-45

17 林素幸，〈無巧不成書：書籍裝幀的藝術〉，《藝術觀點》82 期，2020 年 7 月，頁 2-21

18 河村徹，〈書物の趣味〉，《愛書》創刊號，1933 年 6 月，頁 1-7

19 徐美文，〈書籍裝幀與水染藝術〉，《藝術觀點》82 期，2020 年 7 月，頁 22-27

20 神林恆道著，龔詩文譯，《東亞美學前史：重尋日本近代審美意識》，臺北：典藏藝術家庭股份有限公司，2007

21 國立中央圖書館臺灣分館編，李玉瑾主編，《2008 館藏臺灣學研究書展專輯》，臺北縣：國立中央圖書館臺灣分館，2008

22 國立中央圖書館臺灣分館編，李玉瑾主編，《2009 館藏臺灣學研究書展專輯》，臺北縣：國立中央圖書館臺灣分館，2009

23 堀江あき子等編，《こどもパラダイス：1920-30 年代絵雑誌に見る·キッズらいふ》，東京：河出書房新社，2005

24 張文薰，〈1940 年代臺灣日語小說之成立與臺北帝國大學〉，《臺灣文學學報》19 期，2011 年 12 月，頁 99-131

25 張良澤、高坂嘉玲編，《西川滿先生年譜以及手稿·藏書票·文物·書簡拾遺集·紀念文集》，臺南：秀山閣私家藏版，2011

26 楊永智，《臺灣藏書票史話》，臺北：國立傳統藝術中心籌備處，2001

27 潘青林，〈紛擾下的清澄：宮田彌太郎的藝術世界〉，《藝術觀點》82 期，2020 年 7 月，頁 36-40

28 橋本恭子著，吳亦昕譯／導讀，〈在臺日本人的鄉土主義：島田謹二與西川滿的目標〉，收錄於吳佩珍主編，《中心到邊陲的重軌與分軌：日本帝國與臺灣文學·文化研究》(中)，臺北：國立臺灣大學出版中心，2012，頁 335-379

Chapter 7

1 西川滿，〈詩と裝幀〉，《愛書》第 4 輯，1935 年 9 月，頁 48-49

2 西川滿，〈わたくしの本〉，《季刊銀花》23 號，1975 年，頁 121-128

3 西川滿文，張良澤譯，〈臺灣日日新報社時代 (1934) 的西川滿先生〉，《淡水牛津文藝季刊》4 期 1999 年 7 月，頁 15-16

4 宮田彌太朗，〈詩集媽祖祭茶話〉，《愛書》第 4 輯，1935 年 9 月，頁 46

5 張良澤、高坂嘉玲編，《西川滿先生年譜以及手稿·藏書票·文物·書簡拾遺集·紀念文集》，臺南：秀山閣私家藏版，2011

6 楊永智，《臺灣藏書票史話》，臺北：國立傳統藝術中心籌備處，2001

Chapter 8

1 臼田捷治，《裝幀列伝——本を設計する仕事人たち》，東京：平凡社，2004

2 西川滿著，宮田彌太朗繪，《繪本桃太郎》，臺北：日孝山房，1938

3 西川滿，〈わたくしの本〉，《季刊銀花》23 號，1975 年，頁 121-128

4 西川滿著，潘元石譯，〈日據時期臺灣創作版畫的始末〉，《雄獅美術》258 期，1992 年，頁 130-132

5 西川滿著，張良澤譯，〈造書一輩子——故人代序〉，收錄於張良澤、高坂嘉玲合編，《西川滿先生年譜以及手稿·藏書票·文物·書簡拾遺集·紀念文集》，頁 7；原文發表於 1987 年 11 月 15 日《日本古書通信》第 52 卷第 11 號

6 西野嘉章著，王淑儀譯，《裝釘考》，臺北：國立臺灣大學出版中心，2013

7 岡本祐美等著，《近代日本版画の見かた》，東京：東京美術，2004

8   林素幸，〈被遺忘的一頁——楊英風與早期臺灣美術設計作品：以《豐年》為例〉，《設計學報》20 卷 1 期，2015 年 3 月，頁 49-68

9   柳町敬直等編，《日本美術館》，東京：小学館，1997

10 恩地孝四郎，〈近頃裝本談〉，《愛書》第 4 輯，1935 年 9 月，頁 23-27

11 曾一冊，〈從《民俗臺灣》看 1941-1945 年間立石鐵臣的版畫創作〉，臺北：國立臺灣師範大學美術學系碩士學位論文，1997

12 游珮芸，《日治時期臺灣的兒童文化》，臺北：玉山社，2007

13 鄭軍著，《書籍形態設計與印刷應用》，上海：上海書店出版社，2008

14 Volk, Alicia. "Yorozu Tetsugorō and Taishō-Period Creative Prints: When the Japanese Prints Became Avant-Garde." *Impressions*, 26, 2004, 44-65

Chapter 9

1   石黑英彦，〈臺灣美術展覽會に就いて〉，《臺灣時報》90 期，1927 年 5 月，頁 5

2   彼得・柏克(Peter Burke)著，楊豫譯，《圖像證史》，北京：北京大學出版社，2008

3   臺灣創價學會文化總局編輯，《世紀的容顏：臺灣百年美術設計發展暨文獻展》，臺北：財團法人創價文教基金會，2023

4   武內正之編輯，《東宮殿下御成婚奉祝萬國博覽會參加五十年記念博覽會誌》，京都：京都日出新聞社，1924

5   邱建維、蔡貞瑜、黃筠舒，〈樟腦產業建築調查與研究—以集集樟腦出張所為例〉，《國立臺灣博物館學刊》74 卷 3 期，2021 年 9 月，頁 27-60

6   提姆・登特 (Tim Dent) 著，龔永慧譯，《物質文化》，臺北：書林出版有限公司，2009

7   楊騏駿，〈臺灣樟腦銷售專賣與三美路商會的承包 (1899-1908)〉，《新北大史學》11 期，2012 年 5 月，頁 19-45

8   鄭軍，《書籍形態設計與印刷應用》，上海：上海書店出版社，2008

9   Storry, Richard. *A History of modern Japan*. Harmondsworth, Middlesex; Baltimore, Md.: Penguin Books, 1961, c1960

Chapter 10

1   王文仁，〈張星建及其文藝之道—以《南音》、《臺灣文藝》為考察中心〉，《東吳中文學報》23 期，2012 年 5 月，頁 327-352

2   王雅萍，〈臺灣雜誌創刊號《臺灣文藝》〉，《東海大學圖書館館刊》第 69 期，2023 年 6 月，頁 113-119

3   李欽賢，《日本美術的近代光譜》，臺北：雄獅圖書股份有限公司，1993

4   林巾力，〈向「民間」靠近——臺灣 30 年代文學論述及其文化意涵〉，《臺灣文學研究學報》第 13 期，2011 年，頁 313-335

5   河原功著，莫素微譯，《臺灣新文學運動的展開：與日本文學的接點》，臺北：全華科技圖書股份有限公司，2004

6   河原功，《台湾芸術とその時代》，東京：村里社，2017

7   國立中央圖書館臺灣分館編，李玉瑾主編，《2008 館藏臺灣學研究書展專輯》，臺北縣：國立中央圖書館臺灣分館，2008

8   國家圖書館特藏組，《以古通今：書的歷史》，臺北：國家圖書館，2006

9   梁明雄，〈日治時期《臺灣文藝》雜誌評述〉，《稻江學報》5 卷 1 期，2010

　　年 12 月，頁 158-168

10　陳佩甄，〈疲竭之愛：李箱與翁鬧作品中的現代愛，及其不滿〉，《臺灣文學
　　學報》第 40 期，2022 年 6 月，頁 35-67

11　黃琪惠，《戰爭中的美術：二戰下臺灣的時局畫》，新北：衛城出版，2024

12　黃琪惠、陳文恬，《手完成的話：時局下的李石樵人物畫》，臺北：財團法
　　人二二八事件紀念基金會，2022

總結章

1　〈本刊贈送封面啟事〉，《豐年》第 5 卷第 14 期，無頁碼

2　西川滿，〈西川滿先生致葉石濤函〉，收錄於西川滿著，葉石濤譯，《西川滿
　　小說集 1》，高雄：春暉出版社，頁 5-6

3　林之助編著，《初中教科書 美術 6》，臺中：青龍出版社，1966

4　林素幸，〈移動的美術館：20 世紀初中國的書籍裝幀設計與商業美術〉，《文
　　化研究》第 13 期，2011 年，頁 163-228

5　楊英風，〈藍蔭鼎的畫外故事〉，收錄於《畫我故鄉》，臺北：時報出版，
　　1979，頁 9-13

6　楊英風，〈自述〉，收錄於《楊英風》，臺北：臺北市立美術館，2005，頁 8-10；
　　原刊載於《輔仁》第 6 期，1968 年 10 月，頁 125-126

美麗的書來自臺灣：
近代臺灣的書物裝幀

作　　　者　林素幸
副總編輯　洪仕翰
責任編輯　余玉琦
行銷總監　陳雅雯
行　　　銷　張偉豪
美術設計　職日設計

出　　　版　衛城出版 / 左岸文化事業有限公司
發　　　行　遠足文化事業股份有限公司（讀書共和國出版集團）
地　　　址　23141 新北市新店區民權路 108-3 號 8 樓
電　　　話　02-22181417
傳　　　真　02-22181727
客服專線　0800-221029
法律顧問　華洋法律事務所　蘇文生律師
印　　　刷　通南彩色印刷股份有限公司
初　　　版　2024 年 12 月
定　　　價　700 元
ＩＳＢＮ　9786267645000（紙本）
　　　　　　9786267376973（PDF）
　　　　　　9786267376980（EPUB）

ACRO
POLIS　Email acropolismde@gmail.com
衛城　Facebook www.facebook.com/acrolispublish

有著作權 侵害必究　（缺頁或破損的書，請寄回更換）
歡迎團體訂購，另有優惠，請洽 02-22181418，分機 1124、1135
特別聲明：有關本書中的言論內容，不代表本公司 / 出版集團之立
場與意見，文責由作者自行承擔。

本書為國科會補助 2 年期學術性專書寫作計畫成果編號 MOST 109-2410-H-369-003-MY2
經二位專家學者匿名審查通過出版

國家圖書館出版品預行編目（CIP）資料

美麗的書來自臺灣：近代臺灣的書物裝幀 / 林素幸著 .– 初版 .
　新北市 : 衛城出版 , 左岸文化事業有限公司 , 2024.12
　232 面 ; 17×25.7 公分
　ISBN：978-626-7645-00-0(平裝)

　1. 圖書裝訂 2. 圖書加工 3. 設計 4. 臺灣史
477.09　　　　　　　　　　　　　　　　113018871